人生管理清单

雷苗苗————著

九州出版社
JIUZHOUPRESS

图书在版编目（CIP）数据

人生管理清单 / 雷苗苗著.—北京：九州出版社，2018.3（2019.11重印）

ISBN 978-7-5108-6795-8

Ⅰ．①人… Ⅱ．①雷… Ⅲ．①人生哲学－通俗读物 Ⅳ．①B821-49

中国版本图书馆CIP数据核字（2018）第053996号

人生管理清单

作 者	雷苗苗 著	
出版发行	九州出版社	
地 址	北京市西城区阜外大街甲35号（100037）	
发行电话	（010）68992190/3/5/6	
网 址	www.jiuzhoupress.com	
电子信箱	jiuzhou@jiuzhoupress.com	
印 刷	河北盛世彩捷印刷有限公司	
开 本	880毫米×1230毫米 32开	
印 张	5.5	
字 数	94千字	
版 次	2018年5月第1版	
印 次	2019年11月第2次印刷	
书 号	ISBN 978-7-5108-6795-8	
定 价	37.00元	

很荣幸我是这本书的第一位读者。

几周前，苗苗联系我说她写了一本书，准备出版，想让我再把把关。当时，有点意外也有点好奇，她一个国企职工，又是从事信息管理的，怎么突然开始写书，又能写什么样的书？

可是，粗略看过她发过来的书稿，我备受震撼，用一句话形容当时的心情，那就是"爱死她了，也心疼死她了"。没想到她在这方面探索得这么深，付出得这么多，真不易啊！于是，我细细品读，花了一周时间慢慢品味书中的每个细节。

书中的思考完全出乎我的意料。我已年过花甲，也算经历了人生的各种酸甜苦辣，自以为看透人生，可她对人生的思考却"别有洞天"，给我打开了一扇重新思考人生问题的大门。

人活着就要做人，就要处人，就要做事，我们都试图探清人和事物的本质和规律，探清了我们便能够得心应手，反之，就会老碰钉子。可是，许多时候，我们总是见木不见根，见肉不见骨，总处于彷徨、犹豫、无奈的境地！有没有规律可循呢？道理又在哪里呢？我们能不能找到一双洞察人和事物内因外因的慧眼？

当然，这是一件很难很难的事！苗苗独辟蹊径，苦心钻研五年，探索人生的根本，对这个问题有了一番独到见解。

作为这本书的第一位读者，我受益良多。所以，在这里，我将之隆重推荐给您，我相信这本书对于您重新理解生命很有帮助，对于您管理和经营自己的人生很有帮助，对于您理解和解决生活中的问题很有帮助，对于您教育子女很有帮助。

虽然这是很好的一本书，但现在是信息爆炸年代，人心普遍浮躁，人们都讲实用，讲娱乐，对这样的文风和内容缺乏耐心，能静下心来读书的人少之又少，普遍一眼观六行。如果这样，根本品不出这本书的味道。所以，我担心这本书是否能被社会大众所接受，但我坚信，知音和志同道合者还是大有人在。

很幸运我是这本书的第一位读者，是第一个拿到更聪明钥匙的人；很幸运我是这本书作者的父亲，因为孩子的努力和智慧我倍感自豪。

雷建明

2017 年 11 月 14 日

　　这本书是我五年思考和一年写作的结果，是一本以哲学、逻辑、人生和教育为主题的作品。书的思想萌芽来自于五年前，那时，我刚得知自己将有宝宝，对于新的生命我充满期待。我尽自己最大的努力做着准备，如何教育好他成为我最在意的事情。我希望他能学会尊重别人，可是如果有一天他问我："妈妈，什么是尊重？我为什么要尊重别人？"我应该如何回答？

　　我的思想从这些小的问题开始启动，直到有一天我问自己："我应该在多长的时间、多大的宽度考虑孩子的教育问题？"答案是："人生的长度和人生的宽度。"

　　那什么是人生？为了回答这个问题，我必须回答更难的问题：我是谁？为什么我是这样的一种存在？万物是什么？存在又是什么？我不停地问，不停地答，直到一年前，所有思路和逻辑慢慢打通，于是我决定将它们理出来，写出来，分享给那些像我一样一定要活明白的人，分享给那些希望教育好自己子女的父母。

因为我本人比较偏好哲理性文章，所以这本书整体也偏重哲理思辨，读者朋友们需要稍微放慢一点节奏，才更容易体会到我想传递给您的信息，特别是前面几篇的内容。

希望我们能产生思想的共鸣，希望这本书可以协助你经营自己的美妙人生。

雷苗苗

2017 年 11 月 3 日

前言

如果我问你，你是谁？你可能会回答：我是我呀！

你真的是你自己吗？如果你真的是你自己，那为什么在面对美食的时候你努力克制却克制不住？为什么在进行锻炼的时候你努力坚持却坚持不下来？

你是谁？为什么你是这样的一种存在？你有情感有追求有欲望！这些情感这些追求这些欲望来自何方？这本书试着在回答这些问题。

不同的人在用不同的方式看待这个世界。有人用权利的方式看待这个世界，这个世界便是阶级、斗争、势力、站队；有人用金钱的方式看待这个世界，这个世界便是供求、价值、价格；有人用逻辑的方式看待这个世界，这个世界便是模型、系统、概念；有人用音乐的方式看待这个世界，这个世界便是旋律、节奏、和弦；

甚至有些人用游戏的方式看待这个世界，这个世界便是好玩或者不好玩。那人生到底是什么？这本书试着在寻找答案。

目前的教育体系提供企业管理、项目管理、财务管理、人事管理的教育资源，但却没有正规系统地教过我们如何管理自己的人生。就算人生对于我们是如此珍贵，目前的教育体系也没有试图通过教学教过我们如何规划和管理自己的人生。

没有人生管理这门学科的很大一部分原因是我们都身在其中。身为局内人，我们很难看清人生这场局，更何谈管理。这本书试着帮助读者看清这场局，赢了这场局，走出这场局。

佛曰："不可说，不可说，一说即是错。"《道德经》开篇便说："道可道，非常道。"其主要原因在于这世间万物太过庞杂，而我们只可能从某个角度出发，用某条线将某些点串起来，给我们以有序的想象和有效的指引。但是，这并不代表我们了解了世界的真相，我们只是找到了理解这个世界的一个工具。随着环境的不断变化，这个工具还需要不断打磨。所以，本书没有也不可能阐述人生的真相和所有问题，它只是试图通过"洞察"和"理解"提供给读者一种思考人生问题的思路。

人生的很多苦恼来自于看不清，掌控不了，对未知的恐惧。能看清自己身处何地，被困何处，其实一半的苦恼就已经解决。

　　"智"属于认知层面，"慧"属于行动层面。本书只能引导认知，真正的修炼还需要我们自身的行动。在某种意义上来说，人生就是在有效认知指导下的一场长达近百年的个人修炼。希望在这场修炼中，我们每个人都可以圆满。

目录 CONTENTS

协作即存在

首先，我们需要讨论一下哲学的终极问题。公认的哲学三大终级问题是我是谁？我从哪里来？我到哪里去？其实哲学的终极问题只有一个，那就是什么是存在？回答了这个问题，"我是谁""我从哪里来""我到哪里去"便会迎刃而解。

为什么首先需要讨论哲学的终极问题？因为如果想要弄明白人生到底是什么，我们必须先弄明白万物是什么，我们又是什么。万物存在和演化的唯一动因便是存在，那到底什么是存在便是所有问题的关键。弄明白了这个问题我们才能理解万物到底是什么，我们到底是什么，也才能明白人生到底是什么。

存在是不以人的意志为转移的实在，包括物质的存在和意识的存在，包括实体、属性、关系的存在。这是一个准确的概念，但它解释不了为什么万物是这样的存在？为什么不是其他形式而是现在这样的存在？而且为什么要有这样的存在？

近代主观唯心主义者贝克莱认为存在就是被感知，王东岳先生也认为"存在"仅指感知中的对象之总和。这样的解释意义深刻，但只要说到感知，就隐含指向某个具体的物体，要不然感知何来。更客观的解释应该是：协作即存在。

原子是什么？原子核和电子协作的产物。如果没有这种协作关系，原子核不是原子核的存在，原子的电子不是原子的电子的存在，原子不是原子的存在。我们的身体是什么？每个细胞和每个细胞协作的产物。如果这种协作关系破裂，那我们的身体将失存。

假想你被关在一个密闭的房间里，看不见任何东西，听不见任何声音，触摸不到任何物体，每天只依靠一定的水和食物为生，你会有什么感觉？可能除了生病、喝水和吃饭之外的绝大多数时间，你会怀疑自己的存在性。为什么？因为生病是我们内在协作紊乱的表现，我们感知到了不协调的协作，也就感知到了存在。在喝水和吃饭的时候，我们的身体和外在的水和食物产生了协作，协作的发生让我们感知到了存在。万物通过协作实现存在，而所谓存在就是存在协作关系。如果万物之间没有任何协作关系，那便是万物演化的终点，也是万物演化的起点。哪怕产生最简单的协作，像是夸克和夸克之间的协作，也会出现质子和中子的存在。质子的存在形式是两个上夸克和一个下夸克的协作，质子只是这种协作关系的代名词。

"协作即存在"是一把我们理解万物的钥匙。拥有了这把钥匙，我们便能理解万物存在的理由和它背后的逻辑。它是真理吗？不知道，但它是你理解这个世界很好的一个工具。接下来，让我们带着这把钥匙试着回答本篇前面提到的问题。

首先，万物为什么是这样的存在？不是其他形式而是现在这样的存在？要想回答这个问题，我们首先要讨论一个主张，存在是偶然的还是必然的？也即某种协作关系的出现是偶然还是必然？事实上：存在是偶然的，它是特定协作关系在特定环境下稳定存在的偶然结果，存在也是必然的，它是协作关系不断发生的必然结果。

一个上夸克和一个下夸克也可以协作，但这种协作关系在外在环境中不稳定，所以它无法持续存在。两个上夸克和一个下夸克这种协作关系在外在环境中比较稳定，所以质子这一物质或者说协作关系可以持续存在，甚至参与更复杂的协作。万物一定是朝着结构越来越复杂的方向演化。毕竟，越往后演化的物质协作关系，绝大多数是建立在前面已存在的物质协作关系之上的。越来越复杂的协作关系必然导致为了维护协作关系需要承担越来越多的生存任务。

接受了这个主张，我们再来试着回答接下来的几个问题：

我是谁？我是我所代表的协作关系的代名词，我是某种协作关系的元素。

我从哪里来？我来自这种协作关系的出现。

我到哪里去？我将失存于这种协作关系的破裂。

人生是什么？维护自己所代表的协作关系的过程。

有人可能会觉得这个答案不明摆着吗，可是，你真的理解吗？

关于万物演化的过程，目前科学家们还没有找到准确答案。但在演化的过程中，三个关键点对于今天的我们理解自己和这个世界却至关重要：

一是 DNA 分子的出现。在某种特定环境中，DNA 分子这种协作关系稳定地存在了下来。这种物质具备的存储、复制和表达功能造就了后来使用这种物质稳定存在的协作关系具有了传承特性。

二是神经细胞的出现。在特定环境中，神经细胞这种协作关系稳定地存在了下来。这些细胞具有接受、整合、传导和输出信息实现信息交换的特性。神经细胞的出现造就了神经系统的形成。在神经系统的直接或间接调节控制下，各细胞互相联系、相互影响、密切配合，使使用这一系统的协作关系成为一个完整统一的有机体。任何协作关系又是生活在经常变化的环境中，神经系统能感受到外部环境的变化，接受内外环境的变化信息，对体内各种功能不断进行迅速而完善的调整，使协作关系可以适应体内外环境的变化。神经系统的这些功能造就了使用它的协作关系具有了边界特性和求存特性。

三是第二信号系统的出现。第二信号系统的出现使神经系统具有了抽象和逻辑思维的能力。

这里，我们做一个有趣的假设：求存这种特性可能出现于DNA出现的同时，可能出现于神经系统出现的同时，也可能出现在其他某个时刻。不管出现在哪个时刻，它只是万物演化到一个阶段出现的一种特性，它并不是万物演化的根本。求存只是一个阶段性结果，这一结果是后面相关协作关系不断演化的原因，并不是万物演化的动因。

上面的理论是否正确有待在自然科学上进行论证。不管这些理论正确与否，作为一个以协作关系存在的物质，作为一个使用DNA和神经系统这两大物质存在的协作关系，这些理论中呈现的关键要素是我们真实感受到的，也是对今天的我们理解自己至关重要的，这也是为什么要提上面这些理论的原因。这些要素就是：存在的本质——协作；决定某种协作关系能否存在的关键——环境；我们使用的DNA物质具备的特性——传承；人类不断演化的动因——求存。

不管求存是万物演化的根本，还是万物演化到一个阶段出现的一种特性，可以肯定的一点是，作为人类的我们具有这种特性。

只要具有求存这种特性，我们的协作关系在与环境的交互过程中，一定会产生在特定的环境中如何存在的方法，这便是生存逻辑。DNA 具有存储、复制和表达这些信息的功能，所以除了我们身体的特性外，我们的生存逻辑也会不断传承。在生存逻辑表达和不同生存环境的双重作用下，受求存驱动，不同的个体产生了共有的或者独特的生存欲望。这些欲望会促使个体不断作为，产生新的生存逻辑。

我们的人生管理将从认识这些生存逻辑和生存欲望开始。

在我们的生活中，聪慧的人可以看到人们的欲望并学会管理它，但他们的认知边界往往停留在了欲望。更聪慧一点的人可以看到产生欲望的系统，或者说生存逻辑，但他们的认知边界也往往停留在了生存逻辑。目前有极少的人和学问突破了生存逻辑边界，看到了更大更远。就算突破了生存逻辑边界，人们认知的边界也很难突破求存。如果你理解了这一篇的内容就会发现求存只是万物演化的阶段性产物，根本不是万物演化的边界，也不应该是我们认知的边界。万物演化和认知的边界应该是协作，这对于我们重新建立自己的世界观、人生观和价值观非常有用，希望读者朋友们可以认真体会其中的奥妙。

从存在的角度出发，人生就是受制于环境、受制于协作、受制于我们协作关系中 DNA 和神经系统的特性，努力求存的一个过程。

生存逻辑

活动受控于自己的大脑是我们的生存逻辑。

上一篇我们提到了神经系统的出现和功能，神经系统的出现造就了大脑的出现，神经系统的功能造就了大脑的管理功能。到目前为止，人类的大脑是自然界演化的发达管理系统之一，它管理和协调着人体的全部活动。在这套发达的管理系统当中，最高的管理者就是我们感知到的自己，我们身体的CEO（首席执行官）。人类生存的一个基本逻辑便是通过不断学习和修炼提高我们身体CEO的管理水平，以便更好地管理我们的内在协作和外在协作。

动物和人的管理系统一样，也是大脑，只不过它们的管理系统远不如我们的管理系统发达。毕竟，它们的外在协作复杂度远远不如我们。

为了便于我们理解身体的工作机制，让我们用企业管理的逻辑重新理解一下我们自己：如果身体是一家企业，我们感知到的自己可以理解成这家企业的CEO，它管理企业所运用的工具就是理性系统。这家企业还有很多高管，他们管理企业所运用的工具就是感性系统。我们感知到的情绪其实就是身体和高管对于CEO的反馈信号。我们常说的情绪多属于内在协作使用的信号，情感多属于外在协作使用的信号。

我们可以通过理性系统直接掌控身体，这样做的好处是掌控直接效果明显，但坏处是太消耗资源而且速度太慢。所以，为了节省资源，理性系统会将已经处理过，不需要再修正方法和程序的事务，通过长期的刻意训练，最后交由高管来代管，甚至有些特别稳定的内容和方法会被写入了我们基因里，通过一代代的遗传不断传递着。传递的时间越久，这些内容和方法越固化，理性系统对它的感知度和控制度越低。

具有自私性是我们的生存逻辑。

神经系统的功能造就了使用它的协作关系具有了边界特性和求存特性。边界特性反映到意识层面，就是我们有"我"和"他"的概念。这种"我"和"他"的概念却成就了我们的外在协作。

试想一下，如果不建立"我"和"他"的概念，协作的双方如何确定身份？如何确定谁和谁协作？协作如何进行？很多人认为人类一切矛盾和邪恶的根源在于人类的自私性。可是，如果我们理解了外在协作的基础是分清"我"和"他"，人类存在的最基本目标是维护"我"的协作关系，保证"我"的存在，我们便会发现，人类的自私性只是人类这种物种存在最基本逻辑的呈现。

追求自己的重要性是我们的生存逻辑。

戴尔·卡耐基的大部分方法基于基础人性——人都在寻求自己的重要性。马斯诺需求层次论的"尊重"和"自我实现"的需求也基于这样的人性——人都在寻求自己的重要性。为什么人要寻求自己的重要性呢？这跟我们是社会性群体有关。社会性程度越高，我们越会追求自己的重要性。社会性程度越低，我们越会轻视自己的重要性。树木之间没有社会性，所以它们不需要演化重要性。猴子之间有社会性，所以它们演化了重要性或者说自尊心。

作为社会性群体，我们的存在很大程度上依赖于我们的外在协作。外在协作的首要任务就是选择协作对象。选择就必然会有标准，外形、声音、气味、学识、金钱、名望、权利、地位等都是我们演化的选择系统。我们通过这些系统选择自己的协作对象，而希望得到这些协作的个体会努力争取自己在这些标准中的分值，使自己很重要，从而获得协作。我们追求重要性的根本动因是希望维护自己协作的可能性。我们必须依靠外在协作才能生存，所以我们要一直不断维护着这种协作的可能性。

追求金钱是我们的生存逻辑。

在人类演化的所有协作媒介当中，金钱是最大最有效最高效的协作媒介。试想一下，如果没有金钱这种媒介，我们靠什么来达成人类这么大范围高效的协作体系。因为是最佳协作媒介，所以每个个人都会追求金钱的数量。追求金钱的本质是追求任意协作的可能性。

拥有情感是我们的生存逻辑。

接下来，我们讨论一下我们的情感。什么是喜欢和爱？喜欢泛指喜爱，也有愉快、高兴、开心的意思，喜欢实际上是一种感觉，包含欣赏、仰慕、钦佩、倾心爱慕；爱是对人或事有深挚的感情。

那什么是喜爱？什么是感情？这种感情又从何而来？我们仔细分析自己的这种情感，会发现，喜欢是想要"协作"的意愿表达。我们喜欢路边的一朵小花，真实意图是想要在下一秒继续看见它，希望它的颜色、形状、气味能给我们继续带来愉悦。如果下一秒我们不想再见，那么情感反应就不是喜欢而是讨厌。

爱是想要"协作"的同时愿意为之付出。我们爱我们的孩子，爱我们的家人，这种情感的本质是想要一直在一起并自愿为对方付出时间、精力、金钱、经验等资源的一种意愿。爱同时是所有正面协作能量的集合，爱意味着信任、理解、包容、尊重、付出，甚至是奉献和牺牲。

追求快乐是我们的生存逻辑。

什么是快乐？快乐是指感到高兴或满意。那为什么会高兴？又对什么感到满意？快乐从某个角度上来说是需求、目标达成后大脑给出的信号。为了生存，我们必然会有目标、需求和欲望，但在目标的完成过程中，如果管理系统大脑不给出结束信号，我们无法完成任务的终结。就好像在关门的时候如果听不到声音我们会一直关一样，因为没有反馈我们无法确定任务的完成。快乐便是大脑给出的任务完成信号。

说到这里，我们便会理解为什么人在大难之后会享受平凡的快乐？因为大脑自动降低了它的人生目标。我们也能理解为什么"知足常乐"？因为"知足"本身就已经给出了终结信号，你自然也就能感知到快乐。我们也能理解获得终极快乐的方法是"向死而生"，即将生定为生存的目标，这样只要你活着，你就会感知到快乐。

追求自由是我们的生存逻辑。

什么是自由？我们会在什么情况下感觉到自由？从生存逻辑角度思考这个问题，金钱是我们的协作媒介，我们是社会性群体，为了生存必须借助金钱完成外在协作。这是我们的生存逻辑，即使大脑不喜欢这项任务，也必须完成。

只有当我们赚够足够多的钱，或者不需要金钱达成外在协作的时候，大脑不再需要调配资源完成这一任务，大脑才能从赚钱这项任务中解放出来，这时候的感觉就是自由。自由是大脑从某项不喜欢的任务中解放出来的信号，或者是从事自己喜欢任务时释放的信号。既然自由是从某项不喜欢的任务中解放出来的信号，或者是从事自己喜欢任务时释放的信号，那获得自由的方法无非三种：第一，完成这项任务；第二，放弃这项任务；第三，喜欢甚至爱上这项任务。

很多人会说放弃任务还不简单，但实际上，比起完成任务，放弃任务更困难。完成任务，我们需要跨越的只是这项任务，而要放弃任务，则需要跨越自己的天性、自己的基因、自己的生存逻辑。放弃任务代表我们不追求快乐、不追求金钱、不受困于情感、不追求自己的重要性、不受制于自私。这些任务都是生存逻辑刻在我们的基因、天性和人类文化中的，要放弃很难，但有很多人做到过。释迦牟尼做到过，更准确地说是释迦牟尼的CEO做到过。

这是一个极其聪明的CEO。它觉得既然所有的生存逻辑是为了释迦牟尼这个协作体存在，那我能不能摆脱"过往的经验"，直奔主题,保持存在就可以。毕竟通过人类这个物种的不懈努力,想要一个个体不做太多努力存在下来,已经不是一件很难的事情。

但是:第一,释迦牟尼之所以能够自由是因为受身份背景影响,很多生存逻辑是通过满足完成的,毕竟他有过很多钱、有过很高的地位、有过妻子、有过孩子;第二,这世界没有绝对的自由,毕竟作为身体的 CEO,我们存在的最基本意义是维护身体的存在,再怎么放弃,这项任务放弃不了;第三,这是一场和他人、环境、天性、基因、生存逻辑之间,关于协作和存在真正好玩的游戏,不玩太可惜,所以试着爱上它。

具有想象力是我们的生存逻辑。

大家都发现人与其他动物相比,最大的区别就是人具有想象的能力。可是这种能力是如何演化出来的?万物总是超前发展的,所以为了保证明天的存在,有些生物就开始慢慢演化判断未来方向的能力。但方向一定是建立在趋势之上的,没有趋势何谈方向。

要了解趋势,万物就一定要存在逻辑关系。想象力便是大脑将已有信息进行排列组合产生某种逻辑的能力。拥有了想象力,我们可以将周围的事物按照某种逻辑关系进行解释和理解。依据这种解释和理解,我们可以"看清"事物发展的趋势,做出有利于明天存在的判断。所以，想象力是人类为了求存而演化的一种能力，也是人类能否存在必备的一种能力。

在漫长的演化过程中，我们演化了无数的生存逻辑，在此我们不可能一一列举。只要利用"协作即存在"这一工具，慢慢体会我们是怎样的一种存在，通过慢慢洞察和推理，我们便会寻找到它们的踪迹，了解它们的真相。

到此，我们知道了大脑只是协作的管理系统，重要性只是外在协作的评估系统，情感系统和情绪系统也是因为协作而演化的。

而我们是这样的一种存在：活动受控于自己的大脑，具有自私性，追求自己的重要性，追求金钱，拥有情感，追求快乐，追求自由，具有想象力，这些都是我们生存的逻辑。我们会发现一个让人打冷战的真相：我们以为自己，以及我们的欲望、目标、意义、情感、情绪等都是独特的、自主的，结果却发现，这些我们以为独特的、自主的东西，却是因为生存和协作而被动演化和客观存在的。我们只是人类中，某个特殊协作关系的管理者，是某些生存逻辑的承载者。更有趣的是，如果不做这样的管理者和承载者，我们就没有存在的意义。

就好像此生你幻化成一棵树，你就会受制于树的所有逻辑，你要为生而努力，你要扎根泥土，仰望天空，与土地、空气、阳光和水相互协作。你说你不愿受制于这些逻辑，你要自由，那么你能如何超脱？只要幻化为有形之物，你便注定受制于所幻化之物的协作关系和生存逻辑。

通过上面的分析，我们会发现从某种意义上来说，本质而言，我们和原子没什么区别。只要是原子，它的原子核就要和电子发生协作，就会具有某种原子的特性。只要是人，我们就会发生内部协作和外部协作，就会具有人的特性。想明白了这点，我们能怎么样？会怎么样？按照人这个物种所赋予的意义活着。你肯定会说那想不想明白又有什么区别？区别在心态，置之死地而后生的生和原来的生感觉完全不同。看清了这个世界的真相，我们依然热烈地活着，这是另一种活法。

从生存逻辑的角度出发，人生就是我们受制于生存逻辑努力维护协作关系保持存在的一个过程。

欲　望

欲望之轮

前面我们提到，为了求存，协作关系在与环境的交互过程中一定会产生在特定的环境中如何存在的方法，这便是生存逻辑。生存逻辑会通过 DNA 或者人类文化传承下去，成为继承者们的生存指南，在无形中指导着继承者们的行为和思维。于是符合生存逻辑成为继承者们的追求所在，产生了继承者们的欲望。例如，道德体系是为了集体的存在被演化出来的，道德体系出现后，会影响每个个体，符合道德要求，成为有道德的人，会成为绝大多数人的成长欲望。追求快乐、追求重要性、追求认知、追求爱与被爱、追求自由这些每个人都有的欲望便是来自于这里。

虽然继承了前辈的生存逻辑，但在特定的时间和特定的地点，不同个体的生存环境是不同的。为了在这个特定的环境中存在下来，不同个体会产生不同的欲望，形成新的生存逻辑。所以，我们既是生存逻辑的继承者也是生存逻辑的编写者。

结合前面的理论，我们可以试着这样定义欲望：欲望是人类这种协作关系受制于具备的求存特性，在继承的生存逻辑、生存欲望和现有环境的共同作用下，产生的作为动能。

看清了我们的欲望是什么，它来自哪里，我们人类能不能摆脱这些欲望？当然可以，虽然很难，但理论上可行。摆脱的结果就是每个个体都会像佛家修炼的那样不追求快乐、不追求金钱、不受困于情感、不追求自己的重要性，不受制于自私。这里说的是每个个体。这样导致的直接结果就是人与人之间的协作断裂，人不再是社会性群体，每个个体的生存能力断崖式下降。其次，每个个体不受制于大脑的控制，身体内部的协作关系破裂。人这种协作关系将不复存在。所以，有欲有求乃为生。

有人马上会想到我们修炼的最高不是无欲无求吗？是的，如果我们无欲无求，我们会拥有更广阔的胸怀、更广阔的视野、更自在的内心。这不是自相矛盾吗？不矛盾。有欲有求是生之本，无欲无求是生之技。何解？

有了欲望我们才会树立目标，有了目标我们才会感知意义，有了意义，我们才会有生之念。就算佛家修炼自己的内心超越七情六欲各系统，但他们还保留着最基本生的欲望和普度众生的欲望。若无任何欲望，连最基本生的欲望也没有，那生之本动摇。

人类之所以存在，是因为有生的欲望，可如果欲望过多或过重，便会产生执念。执念本不是件坏事，但它会将你困在一处，动弹不得，百爪挠心，自在不得。

理解了上面的理论，我们就会发现一个治疗抑郁症患者很重要的方法，那就是：发现、激发、培养他们心里最深的那个欲望，将这个欲望从他们的大脑中拉到他们的面前，给他们在现实生活中立即行动和生活的目标、意义和希望，这样他们才能有生之念和生之动能。

绝大多数的人都认为嫉妒有百害而无一利。可是对于抑郁症患者而言，嫉妒却可以成为救命草。为什么？因为嫉妒是欲望最好的生产者。欲望一旦产生，生之念亦有。只不过这股力量很难控制，所以慎用。

欲望不仅会促使人类存在，而且会推动人类不断演化。举个简单的例子来说明这一演化过程。

"包"是人类为了方便携带物品而演化的产品。"金钱"是人类为了协作而演化的协作媒介。"重要性"是为协作而演化的评价系统。"包""金钱""重要性"这些系统都是因为协作和求存被演化出来的。演化出来后每个个体都会依靠它们来生存，而这些系统的相互作用却会给每个依靠它们的个体产生不同的欲望。

例如：因为各种原因，不同的个体会拥有不同数量的金钱，会出现不同的生存能力和协作能力。这时，"重要性"就会发生作用，那些拥有少量金钱、小的生存能力和协作能力的个体就会产生心理的落差。这种落差会促使这些个体不断作为，他们会将"包"这一简单商品演化成"饰品"甚至"奢侈品"，以人类演化的"外形选择系统"和"重要性"为工具让那些拥有多数金钱的人购买，以获得足够多的金钱来填满自己心理的落差。能不能拥有这些"饰品"和"奢侈品"又会造成另一些个体的心理落差，他们会继续作为，演化相关系统，以此轮动。当然，这只是一个再简单不过的演化案例，真正的演化比这要复杂得多。

《物演通论》推理这一演化的结果是人类的灭亡，佛家认为人类痛苦的根源来源于这些系统反作于人类而形成的人性的欲望，道家认为世间的纷争来源于这些演化的系统。

为了帮助每个个体摆脱欲望带来的痛苦，佛家提出："人生在世如身处荆棘之中，心不动，人不妄动，不动则不伤，如心动则人妄动，伤其身痛其骨，于是体会到世间诸般痛苦"；为了通过停止演化系统来解除世间的纷争，道家提出："不尚贤，使民不争，不贵难得之货，使民不为盗，不见可欲，使民心不乱，是以圣人之治，虚其心，实其腹，弱其志，强其骨，常使民无知无欲，使夫智者不敢为也，为无为，则无不治"。

　　不管是佛家的停止个体的欲望，还是道家的停止演化系统，说到底，为了避免个体的痛苦、世间的纷争和人类的灭亡，唯一解就是停止演化。单个系统的停止演化只会导致自身的灭亡，不会阻碍整体演化的步骤，只有大面积系统的停止才会有所作用。可是这大面积中的每一个系统都会因为害怕灭亡不断前进。在这一个个为了自保而不断向前演化的动力下，大面积停止演化何其之难，特别是在演化加速运行的今天，停止演化，何其之难！

欲望之法

　　上面我们说到有欲有求是生之本，但也提到欲望之轮会将我们带入灭亡。那欲望到底是个好东西还是个坏东西？欲望是我们生存的保障，当然是个好东西，但不经管理的个体欲望会影响人类之间的整体协作，好像是个坏东西。那我们应该如何管理好这些欲望？

　　首先，我们是我们身体的CEO，我们所能管理的只有自己，只有借助权利系统或者其他管理系统，我们才有可能实现对所有人类大脑和欲望的综合管理。怎么管？那是另外一门学问。这里，站在人生管理的角度，从管自己出发，我提出对自己欲望管理的三法供大家参考。其实这三法不仅适用于欲望的管理，它在人际的管理、情绪的管理、情感的管理、事务的管理等等很多方面都适用。

方法一：接受但不放纵

前面我们一直在阐述这样的一个观点，欲望是人类演化的必然产物，是一种客观存在。圣经里有句经典的话：上帝，请赐予我平静，去接受我无法改变的。既然欲望这种东西我们无法改变，就可以像圣经指示的那样，接受它。就像你注定是一个人，不是一棵树，不是一头猪那样的接受它。

欲望不是什么妖魔鬼怪，只是一种客观存在，甚至是人类存在的根本。如果不考虑协作问题，这些欲望没有对错之分，都应该被接受。但出于协作的需求，因为有些个体的欲望会伤害到更高协作体的稳定生存，所以我们认为这些欲望是有害的。有些欲望有助于更高协作体的稳定生存，所以我们认为这些欲望是有利的。

人类是社会性群体，每个个体的欲望都会对人类整体的协作产生影响，所以从人类协作体的角度出发，我们的欲望有对错之分。我们演化的道德系统和法律系统就是为了约束每个个体的欲望而产生的。作为依靠协作的我们也应该从这个角度出发，维护人类的协作体系，约束自己的欲望。

学会接受但不放纵是个人成熟的重要标志，它是一个人认知、胸怀、内心强大和分寸修炼的开始。

方法二：利用

不管是先天还是后天，在某一时刻，某个个体会明显表现出对某一事物的强烈欲望和天赋。比如有人爱钱，有人爱权，有人为情所困，有人为名所扰，有人想要轰轰烈烈的人生，有人想要平淡如水的人生，有人善思，有人善言。人们将这种差别性的欲望和特征叫作"天性"。

先天的天性来源于基因或者基因突变，后天的天性来源于周围的环境。一个对权利有极强欲望的爸爸，可能通过基因或者后天的教育培养出孩子对权力的欲望；在一个崇尚自由的组织里，大部分个体都有展示自己的欲望；在一个战争的国家里，大部分个体都有追求和平的欲望。

仔细研究每个个体的欲望，我们都会发现它出现在某一特定的环境和时刻。如果找不到这样的环境和时刻，那它基本来源于基因。基因何来？各种环境和时刻积淀的产物。某一特定的环境和时刻何来？拿上面举例的包的演化来推理，某一个体因为先天或者后天的原因对"重要性"特别敏感，当周围的个体都能拥有一件"奢侈"的包时，她的"重要性"系统会促使她产生拥有奢侈包欲望的这一时刻。从此刻开始，这一欲望会引领她做出她的种种选择。

大凡总结成功之道，大家都会将成才和天性联系在一起。即成才的人往往是受自己的天性驱使发现了自己的特长，在自己擅长的领域里取得了巨大的成功。这一联系的最好证明只要读几本名人传就会发现。撇去天性这一中间名词，扩大成才和成功的边界至"目标性行为"，更直白的表述应该是目标性行为都是欲望的产物。我们研究理财和投资是因为对金钱有强烈的欲望；我们研究万物之道是因为对认知有强烈的欲望；我们研究政治是因为对权利有强烈的欲望；我们不顾一切追求爱情是因为对爱有强烈的欲望；我们夜以继日的工作是因为对事业有强烈的欲望。

只要学会利用，欲望是行为的最好引领者。学会反观自己的内心，找到内心最强烈的那些欲望，将这些欲望定为自己的行动目标，你最容易达成目标，取得成功；学会观察自己孩子的内心，找到他内心最强烈的那些欲望，提供成长环境，他最容易生长发芽，茁壮成长；学会发掘和关注下属内心的欲望，他便会自我成长、自我完善和自我管理。

　　方法三：不受制

　　我们先来讨论一个最基本的概念，什么叫幸福？幸福是内在欲望和外在环境契合后，大脑给出的一个信号，或者说内在欲望和外在环境契合后，我们感受到的一种感觉。契合度越大，幸福感越高，契合度越小，幸福感越低。但问题在于内在欲望会随着外在环境的改变而改变，而外在环境也会随时发生着改变。所以，这个世界上没有永远的幸福，不仅没有永远的幸福，也没有幸福的标准，因为每个人的欲望不同。讨论一个人有没有价值，我们可以进行外部评判，但讨论一个人幸福不幸福，我们只能是内部评判。快乐和幸福的最大区别就是快乐是一个短暂的即时信号，幸福是一段时间内获得快乐的平均信号。

　　接下来，我们再来讨论一下欲望。就如上面而言，欲望是先天因素和后天因素共同作用的结果，是环境和个体相互作用的结果，欲望一旦产生，就如种子种在了地里，很难抑制它的发展。也就是说，欲望一旦出现，我们很难铲除和控制。因为内在欲望很难控制，所以为了追求幸福，人们就会不断改造环境，但环境的改造又是非常之难的一件事情，所以很多人都受欲望之苦折磨，很难体会到幸福的滋味。

弄明白了欲望何来，它为何物，我们就可以学着享受自己的欲望。能不能享受自己的欲望是衡量你凌驾于欲望，还是欲望凌驾于你的一个关键指标。但要做到享受自己的欲望却需要我们有极高的认知、极其宽广的胸怀和极其强大的内心，而这些都是需要我们一步一步慢慢修炼才能获得。

接受、利用、不受制于自己的欲望可以帮助我们摆脱欲望之苦。但有趣的是，你的欲望越深，你作为的动力越足，目标也最有可能达成。那我们到底是控制欲望获得自在，还是放任欲望达成目标？答案是个人选择而已。但更有趣的是，被欲望控制的个体在摆脱欲望之前很多时候根本看不见其他选项，所以也谈不上做选择了。

　　从欲望的角度出发，人生就是欲望不断产生，我们不断满足或者挣脱的一个过程，如果你的内心掌控不住这个过程，你会认为这个过程是苦难，如果你的内心能掌控这个过程，你会认为这个过程很有趣。

认 知

对错和价值

《大学》有言："古之欲明明德于天下者，先治其国；欲治其国者，先齐其家；欲齐其家者，先修其身；欲修其身者，先正其心；欲正其心者，先诚其意；欲诚其意者，先致其知；致知在格物。"那么，何为"格物"？表意可理解为把东西放在格子里，或者分类物体，其实意则为辨对错和价值。辨对错和价值是任何物体为了求存而演化的基本技能。只有具备了辨对错和价值的能力，才能做出有利于自身存在的选择，才能生存下来。在人类层面，辨对错和价值是任何人一切思想和行为的基础。有了对错观和价值观的标准，我们才可以谈什么是恶什么是善，也才可以谈克恶扬善、正心诚意、修身齐家治国平天下。树立对错观和价值观如此重要，那么我们就要深入考虑一下什么是对的？什么是错的？什么是有价值的？什么是没有价值的？

大便对于人类而言是臭的，我们会捂着鼻子躲着它。可是对于苍蝇它可能就是香的，要不然苍蝇不会一直绕着它转（当然，我们不可能是苍蝇，所以我们永远不可能知道苍蝇的真实感受，在这里只是猜测和比较）。如果人类要和苍蝇谈论大便的气味问题（假设苍蝇可以和人类沟通），看谁对谁错，那一定没有最终答案。不同物质对于同一物质有不同生理反应的原理是什么？大便是人类身体新陈代谢后的产物，对于人类而言它已经没有养分，所以人类演化的嗅觉器官会将大便闻成臭味，以让人类在做出食物选择的时候将其排除在外，而大便中的成分对于苍蝇而言还是有养分的，所以苍蝇演化的嗅觉器官会将大便闻成"香味"。同一物质，不同的物质因为生存需求，将其演化出了不同的味道。（可能有些读者会有这样的疑问，如果人类的嗅觉器官判断为臭的食物都是没有养分的，为什么人类还会吃臭豆腐这样的食物？这其实是另外一个比较大的问题。人类的感知系统只是生物中比较低级的感应系统，人类还演化了更高级的理性系统，在做出选择的时候，我们很多时候利用的是我们的理性系统。）

社会上有一个不成文的讲究，说如果出门碰见结婚，你今天就要走霉运，如果出门碰见下葬，你今天就要走好运。我们试着来分析一下这里面的原理，结婚是喜事，本就热闹，如果路人碰见了，都想上去看看新娘子长什么样，漂亮不漂亮，新郎外形又如何，那大家可以想想，这婚礼现场的秩序得多难维持。相反，下葬是件伤心事，家属本就悲伤，如果路人碰见都怕晦气，都躲着走，那么送葬之人是不是又会平添几份伤心。如果我们给大家讲这其中的道理，说碰见人家结婚离远点，不要打扰到人家，碰见人家下葬不要躲着走，以免家属伤心，我想没几个人会做到，因为考虑别人总是一件很困难的事情。所以，我们有了这样不成文的讲究。有人将这一现象总结为：庸者，欺之有功。

我们的生理系统、道德系统、习俗、风水、禁忌、讲究等，如果深入分析，会发现都是为了人类更稳定的生存而演化的系统。所以，世间万物本无对错和价值之分，只是一种客观存在，而所有物体为了求存，"人为"地划分了物的属性，"对错"和"价值"都是为了求存而演化的"人为属性"。

"世间万物本无对错和价值之分，只是一种客观存在"是一种思想境界，也是一种思维方式。在这种思想境界里用这种思维方式将帮我们打开一个全新的世界，让我们获得精神上的自由，看清世界的本原。

提升认知第一步也是最关键的一步就是摒弃自己的价值观。

出世智入世智

佛家认为："智"有世间智与出世间智，世间的知识以及世间的聪明才智，都以"我"为中心，不论是个体的小我或全体的大我，都未脱离我执烦恼，所以名为世间有漏智；唯有超越了自我中心的一切心理或精神的运作称为出世间的无漏智。

"世间万物本无对错和价值之分"这一结论属于佛家的出世智，或者是无漏智。但问题来了，世间万物只要幻化为有形之物，则必然要受制于幻化之物的约束，就算不受制于"此有形之物"的约束，也将受制于"彼有形之物"的约束。佛家修的是出世智，但就算佛家看透世间万物皆生命，做到了做一天和尚撞一天钟这样的自满和无为状态，也逃脱不了其作为人的约束，也有自己修炼的边界。最简单的例子就是就算佛家弟子不以酒肉为食，但也要以植物为食材。所以，只要是有形之物，就会为了生存而演化自己的对错观和价值观，即有对错之分和价值之分。就算我们像佛家一样，修炼自己的精神世界无对错和价值之分，但作为人类，修行者的身体为了求存已经演化出了自己的对错观和价值观。所有存在者都会被困在当世和当下，无论我们如何突破，都归茫然，除非失存。

前面我们得出的结论是"世间万物本无对错和价值之分"，但这里我们又提出只要是有形之物，为了求存，我们就必须演化出辨对错和价值的技能，这是不是前后矛盾？作为有形之物，既然必须要有对错和价值之分，为什么还要追求"无对错和价值之分"的认知？

首先，这两种观点一点都不矛盾。出世智是认知的需求，入世智是行动的需求。所以大家常说中国人的心里都是老子，外在都是孔子，这是极大的智慧。

其次，为什么要追求出世的认知？从比较窄的一个层面讲，如果我们执着于对错和价值，也就不可能用对错和价值之外更大的胸怀和眼光来理解和包容世间万物，也就永生得不到内心的安宁。所以，佛家讲修炼的方法之一叫"放下"。从另一个层面讲，只有拥有了出世智，你才可以看见万物的本原。

"错误"的认知

这里，我们借用王东岳先生提到的弗兰西斯·培根四种假象说来说明为什么我们的认知是"错误"的。四种假象说认为我们看到的万物都是假象：

第一叫种族假象。比如人类获得外部信息的方式是通过五官，视觉、听觉、味觉、触觉、嗅觉，视觉占信息量的 80% 以上。蝙蝠是没有眼睛的，获得外部信息的方式是通过超声波。假如我们和蝙蝠处在同一个山洞之中，我们用感光接受信息，蝙蝠用超声波接受信息，两者看到的表象一定是不同的。谁是真理，谁是假象？无从判断。你的感知形式，决定了对象的展现样态。因此你所说的对象，绝不是对象本相，而是你感知形式的塑造。

不同的物种、同一物种的不同个体都在用自己的方式感知、理解和适应着周围的环境。你的认知或者你们的认知只是你的认知和你们的认知，不是世界的本相。

第二叫洞穴假象。柏拉图曾经谈到人类在认知方面的困境，说人类就像被锁在山洞之中，他所看到的视像，不过是山洞投进来的光影洒在洞壁上的幻象，这叫洞穴假象，中国式的讲法叫井底之蛙，我们所有的人感知都是一个有限量。

如果我们没有做好一块石头，我们就不可能有一块石头的感知和认知。如果我们没有见过大海，我们就不可能有对大海的感知和认知。我们的认知永远都是有限的。

第三叫市场假象。市场里不同的商人给你做不同的介绍，对这个世界做不同的解释。你在纷纭的解释系统之中，建立你对世界的理解。与其说是一个理解系统，不如说是一个噪音干扰系统，这叫市场假象。

人类为了突破自己的感知和认知洞穴，演化出了想象能力。我们通过想象和理解来扩大自己的认知水平。我们没有见过大海，可是见过的人可以将大海转化成能理解的视、听、味、触、嗅等信息，整合这些信息，在大脑中建立大海的模型。然后，将这一模型通过信息传递工具（语言、图像、音乐等方式）传递出去，利用信息传递工具建立认知的对象就可以在没见到大海的情况下在大脑里先建立起对大海的认知。但由于信息经过了分解→重建→传递等过程，而且这些过程中的每一个环节都加入了主观的因素，所以想象和理解是一个更主观的感知方式。这种感知方式导致主体对同一事物感知和认知的差距更大。我们扩大了感知和认知的范围，但我们的认知却更易"错误"。

第四叫剧场假象。你去看戏或者看电影，觉得故事很真实，但是，这都是之前就定好的脉络和结局，你看到的不过是一个预先设定的逻辑过程。要知道我们所有人对这个世界的看法，都在剧场假象之中。

拿人生这一剧场来举例。纵向而言，我们会在不同的时间段"被困在"不同的主题里，6到18岁，我们"被困在"学习里；18岁到60岁，我们"被困在"婚姻、工作、育儿里；60岁以后，我们"被困在"身体健康里。横向而言，制作车子的人，唯恐别人不富贵，没人买他的车；制作弓箭的人，唯恐弓箭不伤人，没人买他的箭；卖烟的人，唯恐别人不吸烟，没人买自己的烟；是因为我们高尚还是丧失良知，都不是，我们只是"被困在"自己的职业里。因为我们处在剧场中的不同时间和不同位置，会产生种种的观点，以为这些观点是世界的本相，结果只是自己行为的解释。

王东岳先生通过反复论证，想要告诉人们：人类通过视觉、听觉、嗅觉、味觉、触觉感知外部的世界，而这些通道反馈的信息是主观的，这决定了我们对"客观世界"的认知也是"主观"的。人类的感知系统不是为"求真"设定的，而是为"求存"设定的。

一切世界观和宇宙观，都只不过是人类主观缔造的一个逻辑模型，
而不是世界和宇宙的原样反映。

认知的作用

既然我们的认知是"错误"的，那么为什么还要不断提升自
己的认知？既然我们的认知是为了求存而设定的，那么它又是如
何设定的？认知的作用到底是什么？

只要稍加观察我们便会发现：认知比较高的人比认知比较低
的人更具有长远眼光、集体眼光、本质眼光和逻辑眼光。即认知
比较高的人更立足未来，更注重集体，更能看清事物的本质，更
能从"有序、有章法"的环境中看清事物的趋势。

这四个眼光和四种能力是决定我们生存能力的关键。毕竟生
命是向前走而不是往后退，如果能从未来的角度考虑今天的行为，
那将使我们今天的行为更有利于明天的生存；我们是社会性群体，
皮子不存，毛将焉否？能从群体角度考虑自己的行为，那将最大
程度保护我们的生存环境；万物运行都有自己的道，如果能透过
现象抓住本质，顺道而行，作为身体的 CEO，我们也将以最小代

价完成生存使命。

认知模式

前言里我们提到，不同的人有不同的认知模型：有人用权利的方式看待这个世界，这个世界便是阶级、斗争、势力、站队；有人用金钱的方式看待这个世界，这个世界便是供求、价值、价格；有人用逻辑的方式看待这个世界，这个世界便是模型、系统、概念；有人用音乐的方式看待这个世界，这个世界便是旋律、节奏、和弦；甚至有些人用游戏的方式看待这个世界，这个世界便是好玩或者不好玩。虽然不同的人有不同的认知模型，但这些模型归纳起来只有两种模式：开放式和封闭式。

在开始讨论这两种模式之前，先提到两种思想体系，一个是宗教，一个是哲学。为什么要提到宗教和哲学这两大思想体系，因为宗教属于典型的封闭式认知模式，哲学属于典型的开放式认知模式。

封闭式认知模式的特点是肯定确定明确。

每个宗教都有一个肯定确定明确的世界观，它告诉你这个世界是怎么形成的，它是怎么运转的，它将走向何方；不管是苦、乐还是自由，每个宗教都会给你一个明确的人生主线；绝大多数宗教教化人的标准都是真善美，符合这一标准的我们称其为君子、圣人、贤人、得道之人、圆满之人，而如何使个体达到真善美的标准，每个宗教都有自己一套完整的修炼之法。

肯定确定明确的好处就在于你还没有弄明白这个问题的时候，它给了你一个明确的方向，明确的方向会将人的思想统一起来，而具有真善美品质的人协作的效率会更高。

开放式认知模式的特点是不肯定不确定不明确。

这个世界是怎么形成的？它是怎么运转的？它将走向何方？统统不肯定、不确定、不明确，我唯一确定的就是，现在对于世界的认知只是一套逻辑模型，它很快会被新的模型替代。

人的一生应该是什么样的？不确定，你持有怎样的人生态度，你就有怎样的人生，你的人生会随着你所处的环境和你每一时刻的选择而发生变化，没有固定的方向和主线。

你应该成为怎样的人？真善美？可以，你的协作能力会提升，因为大家更愿意跟这样的人协作，但如果你坚持绝对的真善美，在某一时刻你会被别人利用和欺骗，对于别人的心机你可能没有察觉能力和抵抗能力。

不肯定、不确定、不明确最大的坏处就在于，你没有办法给别人一个明确的答案和方向，但它最大的好处却在于你有无数的选择和无限的空间。

如果要讨论这两种模式的优劣，答案是没有好坏之分。不管宗教建立的最初意愿是什么，在应用过程中，它是很好的统一思想高效协作的工具。对于协作而言，封闭式认知模式就是好的模式。开放式认知模式适用于哲学探索万物之道的需求，所以对于哲学而言，它是好的模式。我们应该持有什么样的模式？根据实际情况选择合适的模式。

四　观

前文我们讨论了认知的某些方面，也提到认知对于生存能力的影响。那什么是认知？简单来说，认知就是通过信息的不断收集和加工在大脑中建立这个世界的样子。然而，不同的信息收集方式和不同的信息加工方式却导致人们拥有不同的认知模型，不同的认知模型导致我们每个人看到的世界是不同的。

虽然认知模型不同，我们看到的世界也不同，但整体的认知框架却是一定的。无非世界观、人生观、价值观和感观。

很少有人在谈认知框架的时候谈感观，即我们的视觉、听觉、嗅觉、味觉和触觉。不谈感观的原因可能是因为它的形成绝大部分来自于先天，而且它是认知框架的最底层，也是日常生活中我们应用最多的一层。我们太熟悉了，因为熟悉我们往往会忽略它的存在。

价值观是我们认知框架的第二层，即什么是对什么是错，什么有价值什么没价值。

人生观是我们认知框架的第三层，我是谁？我从哪里来？我到哪里去？人生的意义是什么？这些问题都是对于这一层的思考。

世界观是我们认知框架的第四层，它关注的要点是万物是什么？万物运行的规律是什么？什么又是存在？

日常生活中，对我们的行为指导作用最大的便是认知的第二层——价值观。因为对我们的行为指导作用最大，所以我们努力提高认知，希望建立正确的价值观。但是，没有正确的人生观来指导我们很难建立正确的价值观，没有正确的世界观指导我们又很难建立正确的人生观。所以，想要建立相对正确的价值观，必须先弄明白这个世界是什么？人生是什么？我们又是什么？

本书建立的三观是：世界观——协作即存在，万物通过协作实现存在，而所谓存在就是存在协作关系；人生观——生而为生，人生是受制于环境，受制于协作，受制于协作关系中 DNA 和神经系统的特性，受制于生存逻辑，努力维护协作关系保持存在的一个过程；价值观——世间万物本无对错价值之分，只是一种客观存在，而所有物体为了求存，"人为"的划分了物的属性，"对错"和"价值"都是万物为了求存而演化的"人为属性"。

跳出边界

很多人都强调批判性思维的重要性，不过，比批判性思维更高级更彻底的方法是学会跳出边界。任何人任何事都会有自己的边界，我们一定要清楚这一点。事实上，为了生存，每个人一定是生活在一个特定的边界中。聪明人知道自己的边界在哪里，而且会将自己的行为控制在边界内，这样做最大好处就是行为的结果可以预期和控制。将行为控制在边界内是很好的一种做事方式，但要提升认知我们一定要学会跳出边界。

在跳出边界上一个很好的做法是：把心中的"神"都拉回现实，同样的，把心中的"魔"也拉回现实。

　　成长过程中，我们一定仰视过某些东西，比如某位伟人或者名人，某种先进的理论，某本名著，这些仰视的东西就是我们心中的"神"。之所以仰视，代表这些东西在我们的边界之外，而且位置是在边界的上方。仰视的好处就是它可以指引牵引我们前进的方向。仰视的坏处就是它往往给我们"幻象"，让我们看不到现实，做出错误的判断。

　　将"神"拉回现实最有效的做法就是"和'神'站在一起，做一样的事情"。这样做的结果就是，我们会发现再伟大的人也要吃喝拉撒，拥有七情六欲，只不过是个凡人。他们在面临决策的时候也犹豫不决，那些漂亮的形容词形容的行为其实是无奈的选择。那些先进的理论也不是完全正确，他们也有解释不了的东西。那些名著也不是一气呵成，是艰难的修改再修改才制造出来的。

　　同样的，成长的过程中我们也一定俯视过某些东西。比如某些人某些理论某些事情。这些俯视的东西就是我们心中的"魔"。之所以俯视代表这些东西也在我们的边界之外，而且位置在边界的下方。俯视的好处就是尽量减少了这些事情对于我们的负面影响。俯视的坏处就是它往往也给我们"幻象"，让我们看不到现实，做出错误的判断。

　　将"魔"拉回现实最有效的做法就是"试着和'魔'站在一起，

想象着做一样的事情"。这样做的结果就是我们会发现那些我们鄙视唾弃的人和行为其实有自己的合理性。那些被我们"踩"着的事物也有其可爱之处。

所以说，判断一个人认知水平高低的一个方法就是看他看人看事的客观程度。看人看事的客观程度越高，一般认知水平也越高，看人看事的客观程度越低，一般认知水平也越低。

边界是一个非常重要的概念，它无处不在。上面我们提到价值观会给我们形成边界，如果要提高认知需要突破价值观的边界。这里我们提到好坏也会给我们形成边界，如果要提高认知也要突破好坏的边界。但这些都只是边界的一些方面，边界在我们的生存过程中无时无处不在，我们一定要注意到它的存在，利用好它的价值，突破它的限制。站在绝对客观的角度来看，这世间没有什么东西是绝对对的或者绝对错的，如果有，那就是你的边界所在，你受益于这个边界，但同时你也受制于这个边界。

从认知的角度出发，人生就是认知不断更新、调整、迭代、升级的一个过程，虽然在这个过程中我们永远无法知道世界的真相，但却可以让自己生活得更好。

选　择

边　界

所有人都希望自己的每个选择都是正确的。可是，实际情况是，没有任何一个人的任何一个选择在所有时间和所有空间内都是正确的。因为选择的正确性有边界性。一个选择很可能在一个短的时间、小的空间内是正确的，在更长的一段时间、更大的一个空间内它就是错误的。反过来也成立，一个选择很可能在一个短的时间、小的空间内是错误的，但却会在更长的一段时间、更大的一个空间内反而正确。选择的边界性其实可以用两个维度来概括，那就是时间维度和空间维度，即在某个范围内某段时间内，这一选择会表现为正确的，但超越这一范围或者这一时间，这一选择的正确性就会消失。

例如在《狼图腾》电影里的西藏，草原上的狼会将捕捉的羊集中藏起来作为过冬的食物，而藏民会找到这些"储藏点"，拉走羊作为自己过冬的食物，但他们每次只会拉走一半，另一半会留给狼，这样做的唯一原因就是狼有了食物才能生存，生存下来的狼来年才能再找来羊藏起来，藏民才能继续拿狼的食物作为自己的食物。在这个"有机体"里，人类这一个体的选择标准就是，每次只能拿走一半羊作为食物，如果有人因为贪心，拿走更多的羊，那这种协作关系就会断裂，生存危机就会出现，超过这一边界，这一标准就没有正确性而言。

因为有时间和空间维度的边界，所以我们在评价一个选择是否正确的时候，一定要将这一选择还原到它当时的时间和空间中去，只有在特定的时间和空间评价一个选择的正确性才有意义。

为什么在谈论选择正确性的时候会出现边界性？这需要我们再深入一层，讨论一个更根本的问题，什么是正确？每个个人，每个家庭，每个企业，每个国家，整个人类，只不过是不同层次的有机体。为了通过协作达到稳定的生存状态，每个有机体都会根据当时所处的环境，制定机体中每个个体选择的标准，这便是判断选择正确性的标准。符合这一标准的我们认为是正确的，不符合这一标准的我们认为是错误的。

新的问题就是，不同的机体会有不同的选择标准，我们又如何在这些标准中选择？我们常遇到的选择是：个人利益还是集体利益？多大集体的利益？短期利益还是长期利益？多长时间的利益？

实际而言，上一级"有机体"越稳定，下一级"有机体"自由选择的可能性才越大。例如：一个国家正处于战争和混乱之中，那国家中的所有组织和个体就会"被迫"选择先去维持上一级"有机体"的稳定，去参军参战，去推崇军事家，去谈论政治政局，因为皮之不存，毛将焉否，只有当上一级"有机体"处于稳定状态，下一级"有机体"才可能根据自己的意愿自由选择，去谈梦想，谈人生，谈兴趣。所以，个人利益还是集体利益？多大集体的利益？答案就是哪个与生存最相关哪个的标准最大！国难当头之时，"集体利益"最大，有助于维护"集体利益"的标准就是"正确"，国泰民安，注重个人发展，有助于"个人发展"的标准就是"正确"。

人的本性都会因为短期利益放弃长期利益，因为个人利益放弃集体利益，因为短期利益和个人利益都有利于当下的"我"。但从更长时间和更大空间来看，只有长期利益和集体利益才能保证"我们"更长久的生存。但就像我上面说到的，考虑别人总是很难，所以为了保证长期利益和集体利益，很多"庸者，欺之有功"的方法就会出现在我们身边，例如：佛教会用来生限制今生的选择，儒家会用宗亲限制现世的选择。

学会选择的第一要务：明确边界。

选　项

　　既然是选择，那一定有选项，但实际情况是，我们大部分人在做出选择的时候其实并不清楚选项是什么，更谈不上分析选项的所得所失。比如：我们要不要上大学？我们要不要结婚？我们要不要生小孩？我们要不要更高的地位更多的利益？甚至，我们要不要一直奋进……这些我们人生中最基本的问题，我们有没有认真分析过其中一个它的选项是什么，每个选项的所得所失是什么。世间万物所有的选择都会付出相应的代价，最起码的一个代价就是你选择了 A 就无法选择 B。那么，回想一下我们是如何做出这些选择的？

　　社会的主流价值观告诉我们：我们必须上大学，只有上大学才能找到好工作；我们必须奋进，只有奋进才能得到更高的社会地位和更多的利益，这样人生才会有意义；至于结婚生小孩，那是天经地义。我们很少会听到这样的选项：站在价值链的最顶端，你会获得别人没有的资源和影响力，掌握别人没有的信息，你说话别人会听着，你走路别人会看着，你会拥有满满的成就感，你能做自己想做的很多事情，你的一个决策可能让你流芳百世，但是，在别人休息的时候你需要不断的努力，你会因为掌握了资源引来纷争，你会因为承担的责任承担压力，你会引来别人的羡慕嫉妒恨，你的一个错误决定能让你遗臭万年，你将失去任意支配自己时间的自由。换句话说，你将会被你的责任和大众推着往前走，想停也停不下来。

为什么我们看不清楚选项是什么呢？现存的一些对错观、价值观、道德观、习俗、环境等等都会左右我们的选择。实际情况是，大部分"不自知"者大部分的选择往往是被这些已存的系统左右后被动的选择。就如一个国家会在某一时间段内弘扬斗争文化、阶级文化，这个时间段内边界内的大部分人的语言、大部分的产品都会深深的留下这种文化的烙印，大部分的人的大部分选择也会以此为标准做出。

除了这些，作为人类，在我们做出选择的时候，无形中约束我们最大的那股力量是我们的"人性"。我们都会被名、利、情、食、色等等困住。只不过每个人因为先天和后天的因素，因为所处的时间和地点不同，被困住的地方和程度不同。有人被名所困，有人被利所困，同样被利所困的人填补自己欲望之壑所需要的利也完全不同，有人一点足已，有人却需要很多，有些人甚至一生都填不满。因为被困在当下的人性里，我们往往看不见更大的自己和世界，我们被这些因素左右着自己的选择。

在这被人性所困这点上，我们无法解脱。只能在清楚自己被困在哪里后，挣脱或者满足。挣脱有点像佛家的"放下"。可是如果我们怎么都无法挣脱的时候，我们可以选择满足。等满足后我们就会发现更大的自己和世界，就像当下比较流行的一句话就是这样的原理："等钱赚的没有意义的时候，其他意义就出来了"。

学会选择的第二要务：了解选项。

突破认知

作为一个视野无法突破个人的人，他看不见家庭；作为一个视野无法突破家庭的人，他看不见国家；作为一个视野无法突破国家的人，他看不见人类；作为一个视野无法突破人类的人，他看不见万物；作为一个视野无法突破当下的人，他看不见明天；作为一个视野突破不了明天的人，他看不见未来；作为一个视野突破不了对错观、价值观、道德观、习俗、金钱、权利、名誉等等系统的人，他看不见事物的本质；作为一个视野无法突破"人性"的人，他看不见自己。看不清楚的结果就是，你以为你看清了边界和选项，而实际情况是你只是被陷入了更大的边界和设定选项里。我们绝大多数人的绝大多数的选择是在自以为认知正确的基础上做出来的，这很悲催，但事实如此。选择能力的高低从根本上来说是认知能力的高低。但就像前面所写的，要突破认识何其之难。

学会选择的第三要务：突破认知，提高认知。

选择的勇气

《大学》有言："自天子以至于庶人，壹是皆以修身为本，其本乱而末治者否矣。其所厚者薄，而其所薄者厚，未之有也。此谓知本，此谓知之至也。"意思是说认知最重要的是知本知末，切勿本末倒置，可实际情况是，本末倒置之事比比皆是。

幼儿园、小学、中学、高中、大学等教育机构组成了一套学习的系统。这套系统存在的主要目的是为了让每个人掌握现存的逻辑系统（语言是人用来交流的逻辑系统，数学、物理、化学是人用来认识世界的逻辑系统）。掌握这些逻辑系统的目的是为了人与人、人与自然之间的相互协作。相互协作的目的是为了生存。成绩只是整个学习系统中为了自评、考核和筛选而演化的一套小系统。在整个学习系统中，成绩甚至是学习只是末，生存才是本。我们拼命追求着成绩的高下，却忽略人生最重要的事情是如何活着，这样的本末倒置我们是否感知的到。

前面提到每个人都在追求自己的重要性，而这种重要性是通过他评和自评共同组成的。他评的主要系统有地位系统、权利系统、金钱系统、名誉系统等等。别人通过这些系统来衡量一个人协作的必要性，而我们为了让自己在别人眼中更重要，所以拼命地争取自己在这些系统中的分值，以使自己有更强的协作能力。可人生真正的问题是追求这么强的协作能力是为了什么？人生的"本"是你想以什么样的状态活着？能以什么样的状态活着？敢以什么样的状态活着？追求重要性只是"末"，有多少人又能分清这样的本末。

我们突破了认知，提高了认知，看清了边界，看清了选项，分清了本末，可是真正的问题才到来，你是否有选择的勇气？是否能承担选择的后果？在所有人都追求成绩、地位、权利、名誉、金钱这些"末"的时候，你是否有勇气说不，承担父母、亲戚、朋友和社会对于你"错误的判断",而去探索追求自己"想以什么样的状态活着?能以什么样的状态活着?"这样的"本",你是否有勇气承担整个社会的价值观与你的价值观不相符而导致的你在现有价值观下协作能力下降的后果?在看清了别人都是错的,你是对的,你该如何选择?

发烧是人体自我治疗的一套机制,只要温度不是很高,保护好耳朵和小脑,发烧对我们身体的自愈是非常有帮助的。可是如果我们因为发烧去医院看医生,大部分医生都会给我们开各种退烧药,使体温恢复正常,以缓解我们因为发烧而带来的焦虑,可实际情况是这对身体的康复没有任何作用,甚至会延长病期。医生的做法其实非常能理解,如果不开退烧药,那么因为发烧所导致的一切后果他将负责任。

我们看清了发烧的本质,也理解了医生的处境,我们会选择在发烧的时候不去医院吗?不一定,因为不去医院导致的结果就是,你周围那些看不清或者承受能力差的人会反复告诉你不去医院会导致严重的后果,恐吓你如果出了问题,你要负全责,就算没有周围的这些压力,面对体温一次又一次的升高,你也会怀疑自己的认知,恐惧"可能"出现的结果,承担强大的心理压力。

就算我们看清楚了,想明白了,我们是否有勇气选择并承担选择的后果，毕竟任何选择都会付出相应的代价。

学会选择最重要的事情：选择的勇气和承担选择的后果。

从选择的角度出发，人生就是不断选择不断承担选择后果的一个过程，选择能力的高低决定了我们的将以怎样的状态活着。

修　炼

首先，我们需要讨论一个最基本的问题：人为什么要不断修炼？我们不断修炼无非是要达到两个目的：一是提高自己的生存能力；二是在人生这项任务或者游戏当中越来越自由。

经过有意锻炼的身体比不经任何锻炼的身体生存能力更强，体验过人生酸甜苦辣各种滋味的人比没有体验过任何挫折和获得的人具有更强的生存能力，碰到过分析过解决过各种问题的人比没有碰到分析解决过任何问题的人更能处理生存中的各种问题。我们身体自带了一套反脆弱系统，它会促使我们的身体、头脑和心理在一次次的修炼中变得更强大，也即别人常说的：不能将你打败的，终将使你更强大。这便是修炼的目的之一。

前面我们提到为了维护协作关系，保持存在，人们会不断演化自己的生存逻辑，而生存逻辑会指引和约束相关个体，产生相关个体的欲望。这些欲望便是我们所有行为的动机所在，也是人生的任务所在。作为某种协作关系的管理者，我们要想获得自由，就需要完成这些任务，放弃这些任务或者爱上这些任务。完成任务需要我们不断修炼，提升自己的应对能力；放弃任务需要我们不断修炼，提升自己的超然能力；爱上这些任务，也需要我们不断修炼。

为什么爱上这些任务也需要不断修炼？在什么情况下会产生

喜爱的情感？熟悉但却有点意外的情况下我们才会产生喜爱的情感。如果我们完全身在其中，不知被何所困，不知被困何因，不知如何应对，很难产生喜爱的情感。通过不断修炼自己的各项能力，了解任务所在，掌握化解之法，慢慢熟悉并掌握其"妙"之处后，我们才会喜爱上这些任务。比如你是一个穷困潦倒的人，没有足够的金钱，无法获得想要的教育资源，买不了想买的东西，甚至养活不了自己，在这种情况下赚钱对你而言是压力，很难爱上它。可当你慢慢发达，基本生活有了保障，体验到了金钱带给你的便利，也掌握了一定的赚钱技巧，你才会慢慢爱上赚钱这项任务。

当然，如果人生所有任务对于我们已经没有任何挑战，我们行走之中如入无人之地，这种喜爱的感觉也会消失。但对于绝大多数人而言，这种境界可遇而不可求。毕竟不同的环境会产生不同的欲望，人生就是欲望产生→修炼→自由→欲望产生→修炼→自由→欲望产生……无休止的一个过程。我们所能追求的终极自由便是：在人生这场极其好玩的游戏当中，面对任何境况都能泰然处之，我们爱上了每个既能掌控又有挑战的游戏环节，我们乐在其中，但如果有一天这个游戏不能玩了，也欣然接受。

在一生中，我们需要修炼的东西很多，比如身体、内心的强大、认知水平、理性、思考的能力、解决问题的能力、各种技巧、分寸感、毅力、自律、忍耐、快乐的能力、胸怀，等等。在此，我们不可能一一进行讨论，只就下面几种能力进行分析。

理　性

在生存逻辑篇，我们将自己的身体比喻成一家管理有序的企业。

虽然管理有序，但这家企业经常也会出现这样的问题：原本已经封装的，由高管管理的，经实践证明非常有效的方法，因为环境的变化，在此时此地此境中可能失效。

例如，每个人天生都厌恶损失，损失厌恶系统其实是为了保护我们的生存而演化的。试想如果不演化这么一套系统，每个个体对于损失就会无感，而无感导致的结果就是生存资源流失，生存危机出现。如果没有经过任何训练这套系统是由高管代管的，它保护着我们的生存。但在股票市场里，特别是在以投机为主的股票市场里，高管代管这套系统却会成为我们的致命伤。当股价下跌，高管会通过我们的情绪系统给我们发送不安信号，这种不安信号会促使我们卖掉股票以减少损失。表面上，我们的大脑保护了我们的生存资源，可实际情况往往是庄家利用了你的损失厌恶系统夺取了你的生存资源。所以，在你没有经过专业训练由理性系统直接控制你的损失厌恶系统之前，不要轻易进入股票市场。如果想进入，请首先选择价值投资。

价值投资与其说是一套投资方法，不如说是一套心法。价值投资最大的好处就在于它将你的决策基于了一个价格。因为有预期的价格，所以我们的心理在到达这个价格之前都会比较稳定，不会因为市场的波动而波动。这种稳定的心理最终将最大程度保证我们做出正确的决策，最大程度保护我们的生存资源。

理解了大脑的工作机制后，我们便能轻松理解什么叫作心法？心法是身体 CEO 为了达到既定目标管理身体高管和身体的方法。我们也能理解什么是刻意训练？刻意训练是 CEO 重新梳理"工作思路和方法"，并将工作交给高管和身体的过程。

我们也会发现作为身体的 CEO，要想提升管理水平，很重要的一项修炼就是：随时警惕身体发来的情绪信号，解析情绪信号所传达的信息和目的，通过情绪信号发现这家企业存在的潜在问题，通过有效手段解决这些问题，以保证大脑可以以最大效率达成既定目标。解析情绪信号、发现潜在问题、探索有效措施、解决相关问题的修炼便是我们理性能力提升的重要内容。

思考能力

作家柒柒曾写过一惨痛经历：

大二时，室友都恋爱了，唯她没有。

她嘟嘴说："宁缺毋滥，我不会放弃我的原则。"

大三时，她爱上一个男生后，放弃了所有原则，低到了尘埃里。

室友们都笑她，她却说："总有一个人打破你的原则，然后成为你的原则。"

男生喜欢吃鱼，柒柒就在寒冽的冬晨，在河边守候数小时，为他买最新鲜的鱼。

两人吵架了，明明不是自己的问题，柒柒也要站一整夜的绿皮火车，去他的城市，跟他说声对不起。

大冬天，例假来了，她蹲在地上，也要把他的臭衣服洗得干干净净。

柒柒以为，这样就能换来他的真爱。

可她熬好鱼汤，电话他回来吃饭时，换来的是一声："烦不烦，我正忙。"

她将干净的衣服放到他面前时，换来的是一句："这本来就是女人该做的事。"

即便这么忍气吞声，柒柒最后还是失去了他。

多年后，回忆这段感情经历时，柒柒这样写道："我一直以为妥协一些将就一些，这个世界就会为我让出一席之地。后来才知道：一旦你失去了原则，很快就会溃不成军，你所在乎的东西，会一样样失去。"

看完这个案例，你会有怎样的思考？我相信很多人的思考都会停留在"原则"这个层面，也即认为柒柒所有问题的根源都是因为没有坚持原则。实际上我们可以继续追问一下，柒柒为什么会没有坚持原则？这其中的原因当然有很多，但"意识缺失"可能是最关键的一个因素。缺失了什么样的意识？任何人际关系都是需要经营的。即在建立任何人际关系之前，我们首先需要想明白一些问题：希望建立怎样的一种人际关系？我们在这种关系中将扮演什么样的角色？这种关系将给我们带来什么样的好处？我们对这一关系有什么样的要求？我们在这种关系中应该做出怎样的努力？然后我们需要评估关系双方的特性，确定这种关系是否可以建立成功，使用什么样的方法可以保证这种关系的正常运转等。经营是需要有目标有方法有努力的。柒柒有没有考虑过自己想要建立怎样的一种男女关系，我们不得而知。但有一点她一定没有考虑，那就是，迁就和妥协是否是一种很好的人际关系方法？

关于这个问题，我相信绝大多数人都知道答案：绝对的迁就和妥协不是，绝对的不迁就和不妥协彰显自己的强势也不是。毕竟，所有人际关系都是妥协的结果。那怎样的迁就和妥协才合适？也即怎样的合作方式最优？

政治学家 Axelord 做过一个很有名的实验。他邀请各个领域的学者，提出不同的"策略"，有的策略更善良，更愿意跟别人合作；有的策略更险恶，喜欢欺骗和利用别人。然后，他把这些策略都编成程序，在计算机上进行模拟，以便观察从长期来看，哪种策略会占上风。最后胜出的策略是"以直报直"。这个策略很简单：第一，一开始要相信别人，跟别人合作；第二，别人跟你合作，你就跟别人合作，别人欺骗了你，你马上选择不跟他合作；第三，如果欺骗者回心转意，打算跟你合作，你就跟他合作。

实际应用起来，这一策略在很多地方会失效。比如跟我们最密切相关的夫妻关系、父子关系、母子关系、兄弟姐妹关系。这些关系不是你想不合作就可以不合作的。那么在这些关系中我们如何选择最优协作方式？答案是：视情况而定，没有统一标准。我们唯一能做的事情就是通过不断学习、思考、实践和调整，找到适合自己和对方的相处之道。虽然没有统一标准，但有些东西却是一定的，那就是关系中的每个人都一定需要考虑对方的感受，而且大家在这种关系中都感觉舒服。

生活中，我们每天都会面对各种各样的问题，就像柒柒面临的问题一样。如果你没有足够的思考能力，你看到的就是表象，支配你行动的就是你对这一表象产生的情绪。我们只有通过不断的修炼提高自己的思考能力，才能通过表象发现真正的问题，找到问题的本质，也才能采取有效措施，更高效的处理生存中的各种问题。

那现在，如果你是柒柒的朋友，在她经历过这些事情以后，你会给柒柒怎样的建议？第一，她首要解决的不是原则问题而是意识问题，她需要建立"任何人际关系都需要经营"这样的意识；第二，认真思考自己想要一种怎样的男女关系？这种关系中男方需要具备怎样的素质？她自身是否具备了所需要的素质？第三，在找到适合自己的对象之后，通过不断的磨合，寻找适合彼此的相处模式，依据相处模式确定彼此需要遵守的规则；第四，坚持规则，坚守原则。

分　寸

世间万物都是需要拿捏分寸的，人际关系如此，做事如此，情感如此，情绪如此，万物的存在亦是如此。上面提到柒柒作家遇到的问题就是男女关系分寸没有拿捏好造成的后果。

如果你是一位父亲或者母亲，你一定遇到过这样的问题：孩子不断从你索取所希望的物品，给还是不给？给，可能养成他理所当然索取的习惯，不给，欲望可能膨胀。我们周围经常发生这样的事情，长大后名利双收，可是内心的欲望之壑却怎么也填不满，或者因为对于贫乏的恐惧没办法对物品有正常的态度。那作为孩子的父母我们到底应该如何选择？答案应该是拿捏好满足孩子欲望的分寸，根据孩子的性格、需求、当时的环境等等因素具体问题具体处理。

客观上讲，欲望、执念、贪婪都是为了保证我们的生存而存在的。想要努力去做一件事情，想要更多的生存资源，难道不是我们生存的保障吗？但前提是他们需要被控制在合理的范围内。

如果太过，我们便会被它们困住，无法自在，也会影响到个体和个体之间的协作。当然，如果不足也会影响我们的生存。这和我们前面分析欲望的原理是一样的。如果每个个体都没有丝毫执念，没有一点贪婪，那"存在"危已。所以，不是欲望、执念和贪婪的问题，是这些情感和情绪的分寸问题。

如果我们认为分寸问题只是人类独有的问题，那我们就太小看它了。相信很多小朋友都问过大人这样的问题：云为什么要飘在空中？学过物理学的人都知道万有引力定律：任何物体之间都有相互吸引力，这个力的大小与各个物体的质量成正比例，而与它们之间距离的平方成反比，也即 $F = G\dfrac{Mm}{r^2}$。如果不考虑其他物质，只考虑地球和云的关系，那么，云为什么飘在空中那个位置是由它和地球的质量决定的。如果它想待在其他地方，那就不是云的存在了。云和地球之间的距离便是他们之间的"分寸"，也是云存在的"区间"。$F = G\dfrac{Mm}{r^2}$ 便是万物为了维护存在形成的分寸规则。

分寸的本质是万物保持存在的安全区间。柒柒没有找到和男友交往的安全区间，所以他们之间的男女关系失存；如果父母找不到满足孩子物质欲望的安全区间，那在孩子的头脑中将不能存在正确的物质观；如果不能将欲望、执念和贪婪控制在安全区间，那他们将不能服务于我们的存在；云如果不能待在自己的安全区间中，也就不会以云的形式存在。对我们而言，拿捏分寸的根本是找到能让理想之物存在的安全区间。

解决问题的能力

电视剧里经常出现这样的人物，这里暂时称他们为"强势群体"。他们生活在五六十年代，很有可能来自农村。他们疼爱自己的子女，因为疼爱所以经常插手子女的事情。在子女成家后，他们鼓励甚至要求子女必须成为家庭的主导者。他们最大的特点就是敏感和"强势"，别人的很多行为在他们眼中就是攻击，而他们应对的方式也是攻击。

事实上，这样的人在我们周围也普遍存在。先不说在社会上他们是否被接受，绝大多数这样性格的人在家庭中是不被接受的。因为他们太过敏感和"强势"，所以跟他们相处起来，你需要小心翼翼，收敛自我。而从每个人的天性出发，总希望自己是自由自在的。所以，过不了多长时间，你就会反抗，但反抗只会让他们更"强势"。在这样的对抗中，双方都会觉得自己不被接受，都会因此陷入更大的混乱。时间久了，家庭中的"弱势群体"就会选择逃避。但逃避解决不了根本问题，矛盾依然存在。于是"弱势群体"产生恐惧和害怕，恐惧随时到来的争吵，害怕有可能完全不会发生的事情。这种恐惧和害怕严重影响了"弱势群体"的生活质量。

生活中如果遇到这样的问题，人们会如何处理？

我相信有一部分人会表现出很强的反感情绪。如果是"弱势群体"，他们会反感"强势群体"的侵犯。如果是"强势群体"，他们会反感"弱势群体"的抵触。他们抱怨对方，断定对方的行为完全是无理取闹，甚至是针对自己故意而为之。假想对方就是某个已知的"坏透了"的人。他们会陷在这样的情绪和想象中不断痛苦挣扎。但问题却得不到任何解决，反而是生活质量在不断下降。

我也相信有一部分人马上意识到问题所在。作为"强势群体"，他们收敛自己的敏感和强势，试着以平和的心态面对外界。作为"弱势群体"，他们努力克服自己，不让自己为了没有发生的事情恐惧和害怕。可是实践起来他们就会发现这一切很难改变，好像什么东西控制并左右着他们的行为，使他们无法轻易挣脱。

于是，就有一些人开始试着分析左右他们的那些东西是什么，是如何形成的。我们先试着替他们分析一下：

"强势群体"敏感和强势的性格是如何形成的？要想弄明白这个问题，我们需要还原他们的生长环境。

二十世纪五六十年代，中国还没有实行计划生育，所以他们的兄弟姐妹都很多，父母没有足够的时间和精力分配给他们，也不可能有太多的爱分给他们。特别是在农村，父母还有农活要忙，给予孩子的会更少。加上物质资源贫乏，没有认知提升通道，所以造成的结果就是：他们没有爱的储蓄，没有安全感，资源是通过抢夺来获得，没有得到爱也自然不知如何去爱，以为事事插手就是爱，不明白放手也是一种爱；没有安全感，所以用"敏感"努力探测敌情，用"强势"努力保护自己，哪怕现在根本没有什么敌情；以为抢夺是获得资源的唯一途径，哪怕现在资源丰富，通过退让也可以获得资源。

几十年过去了，环境发生变化了，可是大脑在那种环境中形成的方法却被保留了下来，无意识地指导着他们的行为。

"弱势群体"的恐惧和害怕是如何形成的？在本章的前面我们提到人类自带一套反脆弱系统。如果压力不够，这套系统不会启动，不会促使我们变得更强大。但压力过大，超过反脆弱的极限，便会触发另一套系统——安全警戒系统。安全警戒系统向我们发送恐惧和害怕的信号，使我们避开危险，激发我们更大的潜能，保护我们的生存。因为环境的变化，原来的危险已经不复存在，甚至有可能原来的危险是今天的机会。但已建立的警戒系统却无法撤除，在我们无意识的情况下影响着我们的生活。

经常有人说的"穷怕了"，即指这种现象。年轻的时候，因为没有金钱，生存受到过威胁，欲望膨胀，大脑建立了警戒系统，激发我们的潜能。于是我们比别人更渴望金钱，更愿意努力赚钱，更护着自己的金钱。长大后，我们有钱了，但这套系统却没有撤除。我们还是会为了一块钱花费大把的时间和精力，无法从赚钱这项生存任务中获得解放、获得自由，有些人甚至成了金钱的奴隶。"弱势群体"的恐惧和害怕就是触及了警戒系统后形成的。

我们会发现，不管是"强势群体"的敏感和强势，还是"弱势群体"的恐惧和害怕，都是大脑在昨天的经历中学到的经验。当然，很多已存经验非常有效，可以指引和保护我们现在的生存。可是，有些经验却成了今天我们生存的枷锁。就如一幅画里展示的一样：沙漠地带的游牧民族一到晚上就会把骆驼拴在树上，到了早上就会解开缰绳，即使解开缰绳，骆驼也不会逃走，因为它永远记得被拴在树上的那个夜晚，就像我们记得曾经的伤痛一样，它会拴住现在的我们。我们必须找到它们，打开它，才能轻松前行。

经过不断分析，更善于思考的人会找到问题的根源，明白了问题的根源也就更容易理解对方的行为。有了理解的基础也就更容易包容，有了包容在处理问题的过程中也会更高效一些。而且，他们会发现一个更普世的解决问题的方法，那就是：我们需要随时警惕头脑中阻碍我们轻松前行的枷锁，不要被情绪和想象所绑架，我们需要修炼自己就事论事的能力！

回到上面具体的案例，问题找到了，我们应该使用什么样的技巧和心法解决这些问题呢？一般而言，没有万能的办法，只能根据实际情况不断探索适合自己的方法。但有一点我们需要注意，我们只是自己身体的 CEO，我们所能解决的只是自己的问题。我们可以通过不断修炼使自己相信外面一切很美好，我们不需要挑剔，担心的事情也不一定会发生，但我们却不能强迫别人这样做，虽然可以影响别人，但却不能强迫别人做到。所以，外在矛盾的解决其实是要靠双方共同努力的，而能否圆满化解是需要一定"缘分"的。

上面的案例只是我们生活中可能遇到的非常普遍的一个问题。通过这个案例说明一件事情，解决问题的能力说起来很简单，无非发现问题、提出有效方法，坚持正确方向走下去，但实际应用起来，却非常之难。你最终修炼的高度是你洞察力、思考力、时间、精力和阅历不断积累的结果，没有捷径可走。

说到这里，分享一些关于处理家庭问题的方法：

父母和伴侣矛盾的解决方法：自己尽量站在理的一边，而不是站在情的一边，你越是站在理的一边，双方都会越来越讲理，如果你站在情的一方，双方都会因为你的"偏心"而更加感情用事，你偏心的一方会认为自己什么都对，所以更加肆意妄为，你忽略的一方会因为自己被忽视而不断生事端以引起你的"重视"；拒绝父母对于自己生活的干预；让他们相互磨合，自己解决自己的问题，不干预是最明智的选择。

家务问题的解决方法：对家务内容和自己的意愿、时间和精力进行综合考虑，统筹安排，有意愿做的投入时间和精力，不要求别人的肯定和回馈，无意愿做但有责任的，不要强迫自己，可以借助外力。很多人常常犯的一个错误就是自己不愿意投入，但考虑到对方的感受和别人的眼光，所以"逼着"自己投入，这样导致的结果经常是觉得自己很可怜，自己很委屈，甚至会用道德绑架别人，认为都是别人对不起自己。你的投入是你精打细算后的结果，跟别人没有关系，我们能管理的只有自己，所以不要强迫别人一定要回馈自己。

协作问题的解决方法：想明白、想透、弄明白是自己的问题还是对方的问题。如果是自己的问题，自己改正。如果是对方的问题，一般情况下，他没有意识到是他自己的问题，所以，不要试图通过批评和指责解决问题。以爱和胸怀引导和等待他发现自己的问题，直到你对这种等待和付出没有了丝毫耐心和热情，然后，坚决毫无留恋的离开，哪怕对方是自己的父母和子女，这无关道德，而是成年人和成年人之间的游戏规则。

快乐的能力

几年前，听说过这样一个案例：有人为了研究快乐的主要因素，随机向 5000 人寄去信件，调查并收集他们是否快乐，以及使他们快乐的原因是什么。

调查结果显示：第一，感觉快乐的人没有固定的社会属性，这些感觉自己很快乐的人有可能身居高位，有可能是无业人员，甚至有人是乞丐；第二，有一定财富积累的人更容易快乐，但还有一些人没有任何理由却能不断感知到快乐。于是调查者得出结论：快乐和你的社会属性无关，但却和你的财富积累和心态有关。

很多年后，出于好奇，调查者又给那些曾经回信说自己很快乐的人去信，了解他们现在的快乐情况。第二次的调查结果很有趣：有些曾经因为财富积累感知到快乐的人不再觉得快乐，但那些没有任何理由就能感知到快乐的人却一直保持着快乐的获得，哪怕他们现在还是无业人员还是乞丐。于是，调查者修改了自己曾经得出的结论。他认为快乐是一种能力，它和你的社会属性和财富积累无关。

这个案例是否属实，我们无从得知。这个结论是否有效，我们也无从验证。但这个案例却给了我们一个很重要的启示，那就是：快乐是一种能力，而且它还是一种可以通过刻意训练获得并持续拥有的能力。

在生存逻辑篇我们讲过快乐的本质，指出它是需求/目标达成后大脑给出的信号，是人类为了生存而演化的一个信号，它服务于我们的生存，相应的我们的生存也依赖于或者说受制于它。这些逻辑呈现出来的结果就是我们每个人都会不自觉的追求快乐。既然我们不可避免地会追求快乐，而且在快乐的状态下我们的身体能更高效的协作，外在协作也更顺畅，那我们就来研究研究如何一直保持快乐的状态？

快乐是需求/目标达成后大脑给出的信号，那么我们先来理一理人生的需求／目标有哪些？作为人类，最大的两项生存任务就是维持身体内在协作的稳定和建立有效的外在协作关系。维持身体内在协作的稳定需要我们保持身体的健康和精神的健康，而建立有效的外在协作关系则需要我们不断提高认知、提升自己的差异化价值、强化自己的重要性、获得和给予自己的情感反馈。在完成这两项任务的过程中，身体和高管会通过快乐、幸福、自由、恐惧、生气、痛苦等等情绪等信号反馈自己和任务的状态。那么，身体健康、精神健康、提高认知、提升价值、强化重要性、获得情感、给予情感、快乐、幸福、自由、情绪稳定等，就是我们的人生的需求或者说生存目标。

这些需求和目标是否有层次？当然有，这些需求／目标可以归纳为三个部分两个层次。三个部分为：内在协作需求、外在协作需求和信号管理需求。因为信号系统又属于身体内在协作的一部分，所以这些需求只有两个层次：内在协作层和外在协作层。从与机体存在相关度考虑，内在协作层更基础也更重要，但一般情况下这个层次也更容易实现，所以也最容易"不被追求"。

理清了人类的需求我们再来讨论如何一直保持快乐的状态。我们的心理状态一般是这样的：没饭吃的时候能吃上一顿饱饭，我们就会感觉到快乐，如果以后一直都有饭吃，那能吃上一顿饭就不再能刺激我们的神经系统产生快乐的信号了，我们会有新的需求，比如可以接受好的教育，如果我们能接受到理想的教育，大脑会重新产生快乐的信号，但如果一直可以接受好的教育，这种刺激的作用也会慢慢消失。这样的心理过程不是主观行为，是一种客观存在，它是我们大脑运行的规律。

如果我们想要一直保持快乐的状态，就需要挣脱这条规律，刻意训练，在不断上进和获得的过程中，在任何情况下，都保持对基本生存需求的敏感和反馈。对每天升起的太阳，每天盛开的花朵，每天吹过的小风，每天可以存在等等这些最基本的需求保持敏感，保持信号反馈。上面的描述是不是像我们从小就听到的那些心灵鸡汤。

这些东西说起来容易做起来非常难。生存的基本需求已经满足，大脑已经不需求再关心这项任务，你还能保持对这些需求的敏感和反馈吗？如果我们身体生病，内部协作紊乱，身体和高管一直在给你发送疼痛信号，你还能保持对基本生存的敏感和反馈吗？如果我们婚姻生活破裂，身体和高管一直在给你发送痛苦信号，你还能保持对基本生存需求的敏感和反馈吗？

保持持续快乐是和你大脑中已经存在的机制在对抗，你需要持续的刻意训练才能拥有这样的能力。

通过不断的刻意训练，不断的提醒和暗示，保持对最低生存需求的敏感和反馈，维持住快乐信号的存量，持续不断地追求更高的目标，产生快乐信号的增量，我们便能持续拥有快乐，这便是快乐的秘诀。

快乐的能力和下面将要谈的强大的内心构成了一个人精神健康的基础。

胸　怀

胸怀是我们不断突破认知边界，不断自我修炼，社会地位不断提升的结果。

胸怀大的人不容易纠结。他不会为了别人的冷嘲热讽而郁郁寡欢，不会为了别人的斤斤计较而愤愤不平，不会为了眼前的小利而放弃大利，不会为了眼前的小义而放弃大义。胸怀大的人不仅不容易伤到别人，也不容易伤到自己。他们对于周围的人和事更容易想明白看得开。

胸怀大的人更容易成大事。他们能看到更大更远的目标，能忍受向目标前进过程中遇到的各种苦难。他们能包容别人的不足，所以更善于用人；他们心怀天下心系别人，所以更能得到别人的帮助；他们能听得进逆耳的忠言，所以更能获得全面的信息；他们原谅错误，所以扩展了事物的可能性；他们原谅背叛，所以得到了更忠诚的效忠。

心胸宽广不仅有利于我们的身体健康，也有利于我们建立良好的人际关系，也有利于我们事业的成功，所以需要不断修炼。

强大的内心

接下来，我们来分析一下强大的内心。什么是强大的内心？强大的内心是我们综合修炼的结果，是我们生存能力提升的表现，当然也是生存能力提升的推动器。内心强大的人掌握万物的运行之道，可以掌控自己，可以适应任何环境，也能根据自身的意愿，引领环境的变化，他们做事恰到好处，情感独立，情绪稳定，他们享受自己的欲望，面对生死他们可以泰然处之。这是一种极其理想的状态，虽然我们永远无法完全做到，但却可以不断接近。

虽然强大的内心是一个综合指标，不好单独讨论，但内心强大的人却会表现出一些共同的特性，例如：即使在夹缝中，他们也能生存的很好；即使只有一个缝，他们也能挤出去把问题解决掉；他们能很好地掌控自己；他们都经历过自己的王阳明时刻，对这个世界从对外求转为向内求。

王阳明心学的核心就是向内求，经历过王阳明时刻的人，他们不再受制于这个社会的价值观，他们更注重自己的分析相信自己的判断；他们不再关注如何控制别人，他们更关注如何控制自己；他们不再做这个世界希望他们成为的人，他们更努力做自己希望成为的人；面对矛盾他们更关注自己应该做什么而不是别人应该怎么样，但这并不代表在外在的价值交换和情感交换中他们不考虑对方的表现。

内心强大的人也会表现出超过常人的忍耐力、自律性和毅力。什么叫作忍耐力？正确的时间正确的地点做正确的事情，时机不到绝不行动的能力。什么叫作自律？身体的 CEO 可以控制身体在想要的时机做想做的事情。什么叫作毅力？坚持持续不断地朝着一个目标不断前进。综合这三种能力，我们会发现内心强大的人更趋于做身体 CEO 认为"正确"的事情。

从修炼的角度出发，人生就是在这场和别人和环境和天性和基因和生存逻辑的游戏中，通过不断的学习和实践，我们生存能力越来越强，作为身体的最高管理者，"我"掌控力越来越强也越来越自由的一个过程。

学 习

认知篇中我们讨论了认知的很多方面。那到底什么是认知？认知就是通过信息的不断收集和加工在大脑中建立这个世界的样子，而不同的信息收集方式和不同的信息加工方式会导致人们拥有不同的认知模型。学习的最大作用就是提升认知，优化认知模型。不管是何种方式，只要我们的大脑一直处于收集信息加工信息的过程中，就表明我们处在学习的状态。反之，说明我们的认知升级已经停止，这也代表我们的思维方式和行为方式不再会有大的改进。

健康之学

我们前面一直在重复一个观点，那就是其实我们人生只有两大任务，一项是维护身体内部协作的稳定，一项是建立有效的外部协作关系。身体内部协作稳定的一个外在表现就是我们常说的那四个字：身心健康。有很多学问是系统的研究身体内部协作，例如瑜伽和中医。

下面我们讨论一个概念，通过这个概念我们欣赏一下某些精妙的思维方式。

这个概念就是"阴阳"。我相信很多人都会被中国的阴阳搞得晕头转向，以至于只要一提阴阳就联想到玄学，甚至有些人一听到阴阳就认为是胡说八道。其实，只要稍加研究我们就会发现这是一套极其精妙的思维方式。它简单、灵活，应用面非常广泛，可以将复杂问题简单化，将简单问题深刻化，以至于孔老夫子认为：一阴一阳之谓道，也即阴阳可以解释万物之道。

阴阳概念在其他领域的应用我们暂且不谈，我们先来谈谈"阴阳"概念在中医里的应用。

《黄帝内经》里这样描述阴阳：积阳为天，积阴为地，阴静阳躁，阳生阴长，阳杀阴藏，阳化气，阴化形。如果我们不是中医专业，单从这样的描述很难理解阴阳是何物？

在此，我们试着以实际应用来理解一下这个概念。拿胃举例。要想让胃发挥自己的作用，我们首先需要有胃这样的物质，这便是中医中的阴。我们需要胃这个物质具备胃的功能，这便是中医中的阳。另一方面，如果将胃想象成一个能量体。能量体一定会产生能量，这便是中医中的阳。我们需要燃料，也即胃"液"，这便是中医中的阴。

理解了阴阳，我们便可以理解中医经常说的阳虚阴虚是什么意思了？如果胃有问题，我们首先会判断是物质出问题了还是功能出问题了？如果是物质出问题了，那就是阴虚。如果是功能出问题了，那就是阳虚。然后我们再判断，功能出问题是因为能量不够还是燃料不够，如果是能量不够，那就是阳虚。如果是燃料不够，那就是阴虚。还有一种是假阳虚，即不是因为能量不够而是因为燃料太多导致的阴阳失衡。同样，还有一种现象叫假阴虚，即不是因为燃料不够而是因为能量太多导致的阴阳失衡。有些机体甚至会出现阴阳两虚，即能量和燃料同时不够导致的阴阳失衡。虽然同为阴阳，但在不同的地方阴阳代表的意思完全不同。我们要弄明白它的准确指向，才可以对症治疗。中医诊治的难点在辨证，即准确找到问题所在。

中医的治疗思路也很特别。还是拿胃来举例。中医首要考虑的问题不是胃部的"敌人"在哪里？有多少螺旋杆菌？有没有浅表性胃炎？应该如何消灭它们？它首要考虑的问题是调理胃的阴阳，营造健康环境，将胃的功能恢复到正常水平。这样，"敌人"没有了寄存环境自然就会消失。

中医对于健康的标准也很独特。它判断机体健康的标准不是指标和数据，而是机体的正常运行和你对于机体的感觉。舒服是中医判断健康和治疗效果很重要的一个指标。

在具体的治疗方法上，不管是真阳虚还是假阳虚，我们都可以通过补充能量达到平衡阴阳；不管是真阴虚还是假阴虚，我们都可以通过补充燃料平衡阴阳；如果是假阴虚，我们还可以通过减少能量达到阴阳平衡；如果阴阳两虚，我们需要能量和燃料同时补充才可以达到阴阳平衡，但一般先补充燃料，因为如果先补充能量就会出现"烧干了"的现象，本来能量不足，但却出现了"上火"的现象。补充能量我们可以使用温补的食物、药材或者物理疗法；减少能量我们可以使用泻火的食物、药材或者物理疗法；补能燃料我们可以使用滋阴的食物、药材或者物理疗法。

在理论上中医有一定的标准，但在实际应用中，中医的诊法和治法变化无穷，没有统一的方法，只能是具体问题具体分析。这也导致了中医的推广困难重重。虽然变化无穷，但一个阴阳描述了一个器官完整的运行原理，说明了治疗的所有方法，这是何等的绝妙。

单个器官的运行可以用阴阳来解释，多个器官的配合也可以用阴阳来解释。有些器官会担当阳的功能，有些器官会担当阴的功能。这里面有更复杂的逻辑，如果有兴趣的读者可以找相关的资料研究研究。

举例说明中医的"阴阳"并不是说我们要迷信中医，认为它的方法都是对的，都是最先进的，西医完全无用。我们举例的目的只是想展示一下这种思维方式在管理身体内部协作方面的精妙之处。

身心健康是一门非常重要也非常复杂的学问。在此，提醒各位读者，特别是年轻的读者，身心健康是我们人生管理最基础也是最重要的一项任务，我们万不可忽视。

道德之学

接下来，我们来讨论一个有关外部协作的话题——道德。关于道德有很多解释和理解。虽然解释和理解不同，但评价一个组织或者一个个人道德水平的标准却大致相同，那就是中国古人总结的"仁义礼智信"。关于这五个字的解释有太多，但大多都停留在感性层面。如果要深刻领悟，就需要从生存和协作这样的角度进行理解。那到底什么是仁义礼智信？

仁者，心中有别人。能考虑到别人的需求、情感、情绪、处境、利益的人，我们称为仁者。

义者，在利益面前心中有别人。在自己的需求、情感、情绪、处境和利益等因素面前，也能考虑到别人。"义"者，并不是说只考虑别人完全不考虑自己，只是说在考虑自己的同时也能考虑到别人，然后在自己和别人的利益中寻找平衡点，以达到双方利益最大化。有些人甚至会出现考虑别人超过自己。

礼者，维护别人的重要性。在别人说话的时候不打扰认真聆听，吃饭的时候等候别人然后一同用餐，约好的时间准时到不让别人等待，对于别人的成绩充分肯定，对于别人的付出心怀感恩，尊重别人的习惯，体谅别人的难处，理解包容别人的"坏行为"，这些都是对于别人的尊重，也是别人能感受到自己重要性的来源。

智者，知"道"行"道"。智为什么是一种道德？在所有人都考虑长远目标和集体利益努力约束自己现在的行为已达到长远利益和集体利益最大化的过程中，如果有一个人因为认知不足，只考虑短期目标和个人利益，那他就会破坏大家努力维护的协作关系，损害其他人的利益。任何人际关系和事情都是需要技巧和方法的，而如果你掌握不了这样的技巧和方法，就会影响周围人的协作，从而损害其他人的利益。因为智慧的缺乏无法达成更有效的协作关系，从而会损害所有人的潜在利益，所以智也是一种道德。这个观点也提醒我们如果想达成更有效的协作，就需要和有智慧的人协作。

信者，维护别人稳定的利益。大家对"信者"的印象一般都是这样的：说到做到，生意上不会因为小利益出卖伙伴关系，情感上靠得住。理性分析这些现象，我们会发现它们的本质都是：不管是从说话开始建立的协作关系，还是从金钱往来开始建立的协作关系，抑或从情感交换开始的协作关系，与"信者"建立的协作关系自建立之初就很稳定，这种稳定能带给别人安全感。当然，这种稳定感和安全感需要通过长时间的经营才能获得。

通过分析，我们会发现仁义礼智信的核心就一个词：别人。所以，那些心中有别人，能在任何情况下考虑别人的人，我们称之为有道德的人。可是前面的所有篇章我们都在说明这么一个观点：人类作为和演化的动力就是生存，让自己生存下来。那既然让自己生存下来是人类的终极目标，为什么人类社会要演化道德这一系统让每个人都要考虑别人？只要在生活中稍加观察我们就会发现，老实人最终都不吃亏，虽然不是所有老实人在所有情况下都不吃亏，但大多数情况下，这一结论有效。也就是说，考虑别人的人最终收益最大。那么我们就可以认为：道德是每个个体为了获得生存资源而采取的一种手段。

生存逻辑篇和欲望篇的核心其实就是揭示人类的生存逻辑和这种生存逻辑在每个个体中的差异化显现。客观意义上的道德属于生存逻辑层面，它是人类为了生存和协作而演化的一套系统，不因个人意志的改变而改变,也没有好坏之分,只是一种客观存在,而这种生存逻辑在不同的个体身上会有不同的显现。因为基因或者环境的原因,有些人显现的是考虑别人,有些人显现的是考虑自己,有些人显现的是抢夺别人。

弄明白了什么是道德,我们再来思考一下这套系统是如何演化出来的?人类社会是高度协作的一个有机体,一个人想要生存下来,必须要跟其他个体进行紧密协作。协作的主要目的就是获得生存资源,而每个人天性都会追求自我重要性和利益最大化,如果你能满足别人的人性需求和利益需求,别人也将满足你的人性需求和利益需求,这其实是一场被"道德"密封了的交易,一场有关人性需求和利益需求的交易。

关于道德另一个注意点是:能否考虑别人不仅是一种美德更重要的它是一种能力,它是不经刻意训练无法获得的能力,因为考虑别人不符合人的本性。人的本性只会考虑自己,维护自己的协作关系,保证自己的存在。但考虑别人却可以帮助我们建立更良好的外部协作关系,获得更多的生存资源,所以我们在生存中需要考虑别人。但,考虑别人这种能力不经刻意训练无法获得。

仔细观察你周围的人,你就会发现有些人很难考虑别人。就算在协作关系中不被接受,他们也努力想要考虑别人和别人融为一体，获得良好协作关系的红利，但他们不自主的还是会考虑自己。同样的，你也会发现另外一部分人，就算自己的利益受到伤害，自己伤痕累累，还是会不由自主地考虑别人。这其中的原因就在于他们考虑别人的能力已经通过基因或者小时候的教育被封装。长大后，他们会在不自主的情况下本能地做出反应。

结合有些人不能考虑别人和有些人不会考虑自己的现象，建议：训练自己的感性系统考虑别人，训练自己的理性系统考虑自己。这么做的原因？考虑别人不符合天性，所以交由本能来完成。但这一方法的主要弊端在于等我们的 CEO 接管自己身体的时候，很多系统已经封装完成，所以能不能具备考虑别人的能力是看你有没有一个智慧、善良的父母或者人生导师。

文化和文明

在这里顺便谈两个很小，但人们很容易模糊的概念：文化和文明。

什么是文化？它是渗透在各个角落，但方向却统一的那个东西，是先辈为了生存和环境长期磨合的产物。

什么是文明？文明是整个社会体为了存在形成的生存模式。在这个生存模式里，每个个体都会为了协作体的利益不同程度的约束自己的行为。这种正向约束的程度越高，我们认为文明程度越高；正向约束的程度越低，我们认为文明程度越低。

知识的本质

我们从小到大要学习很多知识以满足自己生存的需求。我们不断地学习，可有没有想过这些知识的本质是什么？知识的本质是逻辑。

数学整门学科大厦的基础是 1+1=2。如果 1+1=2 不成立，数学的所有公式将失效。那什么是 1+1=2？这世上根本没有 1 这样的物质，也没有 + 和 = 这样的物质，那它们是什么？它们都只是我们理解这个世界的一些工具，是我们大脑中的一些逻辑。

汉字也是一种逻辑。"闯"字来源于古人对于生活现象的观察。他们发现马在出入门的时候都会腾冲过去，于是用"闯"来形容猛冲的行为。"诺"表示说（言）若如何将如何，于是我们用"诺"来表示承诺、诺言等。汉字只是人们传递信息的一套逻辑符号。

这套逻辑符号只适用于所有应用这套逻辑的人。

故事更是一种逻辑。圣经有圣经的故事，佛经有佛经的故事。其本质都是通过自洽的逻辑解释这个世界，以便于人们理解，也便于引导人类的协作和生存。

为什么人们常觉得会讲故事的人具有更强的生存能力？除了故事更容易给人幻象外，另一个更重要的原因是会讲故事的人更善于搭建容易引领自己和其他人行为的自洽逻辑。这个世界上真有上帝或者佛祖吗？不知道，相信没有。

那为什么上帝和佛祖却存在于那么多人的心中？

首先，关于上帝和佛祖的故事很有道理，符合我们的很多常识，满足了我们了解和掌控这个世界的欲望。

其次，有了上帝和佛祖的指引，我们更容易做那些有利于协作的"正确"事情，也更容易享受到有效协作带来的红利。还有，我们会追求爱、快乐、幸福、分享、奉献、真善美等这些协作中的正能量。这些正能量非常有利于我们身体内部的协作，也非常有利于我们的外部协作。

锻炼逻辑思维最好的两个工具就是哲学和编程。程序和算法是最赤裸的逻辑，编程是接触逻辑，理解逻辑，锻炼逻辑思维能力最好的方法。学习哲学不仅可以锻炼逻辑思维能力，还可以提升抽象、概念和辩证能力。因为哲学的本质是追问价值观、人生观和世界观，追问本源。追问的过程需要我们不断透过现象看清本质，需要我们从大量信息中抽取关键信息，需要我们把复杂问题简单化，需要我们从不同角度不断分析。这个过程对于我们的抽象、概念和辩证能力是很好的锻炼，大脑也会在追问的过程中变得更灵活。所以，提升知识学习能力最有效的工具就是学习哲学。哲学除了是一款好用的工具外，也是很好的一款智力游戏，是游戏就有可能上瘾，我们一定要把握分寸，不要让工具变成了牢笼。

学习之法

既然学习的最重要作用是建立和优化我们的认知模型，那学习的第一法就是提供认知模型升级优化的"数据"。什么是认知模型升级优化的数据？知识和阅历，即我们常说的那句话："读万卷书，行万里路"。

如果说人生是一场旅途，那绝大多数的人在这场旅途中都会经历过掉进坑里，从坑里爬出来，遇到障碍，跨越障碍，爬坡等这样的人生经历。

例如，因为没有照顾好自己的身体导致疾病缠身，痛苦不已，这表明我们掉进了人生旅途中的坑里，我们需要不断努力，才能使身体慢慢康复，从这个坑里爬出来。又比如，有一天你遇到了人生中你认为对的人，你希望和他一起携手开始新的人生，但因为种种原因，你们的新人生困难重重，你们遇到了人生的障碍，需要努力跨越过去才能走上平坦的道路。又或者，你没有掉进坑里，也没有遇到任何障碍，但你希望看见人生更多的风景，所以你需要努力爬坡，登上高点，才能实现目标。

"数据"是极其珍贵的资源，它是你思考、写作、决策、交流、表达、取得信任等活动中关键的要素。但不是所有数据都是有用的，甚至有些数据是有害的。一般而言，重复的数据无用，产生负面价值的数据有害。我们一定要通过各种通道积极主动的取得越来越多有用的数据。读书和实践是获得这些数据的最好通道。

接下来，了解一下快速学习知识的三个基本方法。

上面我们提到知识的本质是逻辑，逻辑的最大特点就是"有章可循"，所以快速学习知识的第一个基本方法就是理清思路。找到知识的逻辑框架，顺着这套逻辑框架你最容易掌握这套知识的精髓。

快速学习知识的第二个基本方法就是培养学习的兴趣。欲望是行动最好的老师，培养学习的兴趣就是激发我们学习的欲望。这个世界的本质是什么，有没有一套自洽的逻辑可以解释这个世界运行的规律，这是很多科学家奋斗终生的动力来源。

养成良好的学习习惯是快速学习知识的第三个基本方法。每个人都会有一个最适合自己的学习节奏。我们需要不断寻找，找到这个节奏，通过刻意训练让这个节奏根植于我们的生活中，让学习慢慢地出自本能。

问题学习法是一种非常不错的学习方法。它最大的好处在于精力集中，效果明显，学习者有很强的驱动力。苏格拉底教育方法的核心就是问题引导法。他在教学生获得某种概念时，不是把这种概念直接告诉学生，而是先向学生提出问题，让学生回答。如果学生回答错了，他也不直接纠正，而是提出另外的问题引导学生思考，从而一步一步得出正确的结论。

问题学习法又分为被动问题学习法和主动问题学习法。被动问题学习法只有在遇到问题的时候才会起作用，效果没有主动问题学习法好。主动问题学习法就是在没有遇到问题的情况下，主动针对可能遇到的问题或者感兴趣的问题开展学习。

上面我们提到在人生的旅途中，有很多人都会出现掉到坑里的经历。虽然绝大多数的人最终都会从坑里爬出来，但这个过程需要我们耗费太多的时间和精力。这些时间和精力如果花费在其他事情上，我们可能可以看到更多的人生风景。所以，查理芒格才说："愿你们在漫长的人生中日日以避免失败为目标成长"。所以，极力推荐大家学会并习惯使用主动问题学习法。

跨领域学习法也是一种非常不错的学习方法。知识背后的逻辑往往是相通的，物理学的问题也许利用中医的思路解决起来更有效，人际关系的问题也许利用数学模型更好解决，决策上的问题也许音乐可以有所帮助。在大脑中多建立一些自洽的逻辑，然后让它们任意碰撞，其效果可能远远超过你的想象，就像为什么混血儿更偏向优秀一样。跨领域学习是创造力提升的基础，但要实现真正的创造力，还需要我们有积极主动的心态。就算我们有再多的数据，有再多的自洽逻辑，但在面对问题的过程中，只要你不积极主动地去思考和应用，这些数据和逻辑就只是摆设，产生不了任何作用。

只要提到思维方式，很多人马上会联想到：东方思维和西方思维。这两种思维方式的区别在于：东方思维注重总结、形象、功能、洞察，西方思维注重分解、直观、具体、实验；东方思维的结果简单、系统、灵活，西方思维的结果细致、精准、易操作；东方思维的产物有五千言（道德经）、太极图、大学、易经、八卦图；西方思维的产物有流程、标准、图表、程序；东方思维适用于处人，西方思维适用于做事。

东方思维和西方思维其实只是个代名词，并不一定说所有的东方人用的都是东方思维，所有的西方人用的都是西方思维，这种划分只是区分了两种完全不同的思维。实际情况是绝大多数的人在大脑中同时存在这两种思维方式，只是在处理问题的时候一个会是主导一个会是辅助。希望大家同时掌握这两种思维方式，在处理问题的过程中，具体问题具体分析，找到最匹配的方式最有效地解决问题。

很多人在学习的过程中追求心静。什么叫心静？稳定的和谐的内在协作状态。在这种状态中，我们的输出比较平稳，协作效率也比较高。为了追求学习的效率，我们要追求心静，但也要拥抱慌乱。我们在什么情况下会出现慌乱？一个新的局面，一个未曾遇到的问题，一个突如其来的意外，在这些异常的情况下我们都会出现慌乱。慌乱的本质是内在的协作体系，对于面临的问题不能掌控。在这种情况下，我们已存的认知模式最易打开，也最容易完成升级工作。所以，一定要把握好这个时间窗口，吸收数据，完成升级。

上面我们提到了实践的重要性，在实践中学习也是很多人推崇的学习方法。不过，更好的学习方法应该是目标实践法。即在欲望的指引下锁定目标，理性评估后马上行动，在实践中不断调整，找到最终出路。目标实践法与实践法的最大区别就是目标实践法是以找到出路，达到特定目标，追求利益结果为目的的。

学习之法有很多，不止我上面提到的这些。不管是何种方法，解决问题是硬道理，也是检验学习效果最好的方法。

现代教育之弊

这篇我们分析了健康之学、道德之学和学习的一些方法，前面我们提到了存在、生存逻辑、欲望、认知、选择、修炼，后面我们还将提到成功、人生管理。我们会发现事关我们人生中最重要的内容在目前的教育体系当中都不会被直接提到。目前整个教学体系的设计只是单纯的片面的一些知识体系，说白了就是一些逻辑体系。所以，从这个角度上来看，上过学和没有上过学的个体之间最大的差别只体现在逻辑思维的能力上。

教学体系设计的不完整只是现代教育的问题之一，教学方法的简单单调粗暴是现代教育的另一个问题。填鸭式教学是目前使用面最广的教学方法。老师依据教学大纲进行课程设计，站在讲台上单通道的进行信息输入，学生的学习重点完全被锁在了这个大纲里。整个教学方法没有最大限度地激发学生的学习兴趣，没有最大限度地调动学生的主动学习能力，没有考虑不同个体对于同一个问题的理解接收程度和速度，没有充分的锻炼学生解决问题的能力，没有考虑个体的成长意愿等。

产生上面问题有其客观原因：第一，老师的时间和精力不足，学生太多，老师根本没有时间和精力开展内容丰富、有启发性、有针对性的教学；第二，现行教育体系导致老师作为的动力不足，老师的名利没有与教学方式挂钩，而且新的教学方式短时间内看不到明显的效果，而且可能在现行教育体系下会有负面的效果，这个责任老师不愿意自行承担。

从学习的角度上来看，人生就是不断学习，提升认知水平，提高解决问题能力的一个过程。

成　功

　　在开始讨论成功之前，我们首先要明确一个概念：什么是工作？蒙台梭利认为"工作"是人类的本能和人性的特征，是身心协调、手脑结合的活动。那么，工作为什么是人类的本能和人性的特征呢？

　　如果理解了前面的理论，我们就会发现工作是人类受制于环境、受制于协作、受制于协作关系中 DNA 和神经系统的特性、受制于生存逻辑努力维护协作关系保持存在而进行的一系列活动。我们有自己独特的工作内容，例如学习、婚姻、赚钱、事业、育儿、修身养性等。这些工作的本质是为了某一个体和整个物种的稳定存在。从这个角度我们就可以理解为什么工作是人类的本能了。它是由求存这一目标决定的，是人类命中注定必须具备的基本技能。人生中相关的活动组成一项工作，而这些工作就是人生的基本组成单元。活动类似于程序中的一行代码，工作则是为了一个目标而封装的代码集，不同工作相互作用便产生了人生。

　　既然工作是人类受制于环境、受制于协作、受制于协作关系中 DNA 和神经系统的特性、受制于生存逻辑努力维护协作关系保持存在而进行的一系列活动，那工作必然具备一个特点：它有明确的目标。学有所成是学习的目标，子女成才是育儿的目标，事业有成是从事某项工作的目标。有目标就会有标准，成功就是目标是否达成，以及达成程度的标准。

虽然成功是目标性行为完成的结果，但从产生目标的驱动力和目标完成后的影响力两个方面考虑，成功分为三个层次：

第一层的成功，目标大部分来自于生活需求。目标完成后成功者的生活质量会有改善，但影响力有限。

第二层的成功，目标大部分来自于兴趣爱好和事业心。在兴趣爱好和事业心的驱动下，成功者往往会将该目标与自己的人生捆绑在一起，他们会投入大量的时间精力和情感在其中。有些人会希望通过目标的达成名利双收，自己的抱负和野心可以得以实现。在兴趣爱好和事业心的驱动下，成功者在该领域会比别人做得好，在向目标前进的过程中，成功者内心的成就感、满足感、快乐感、自信感也会得到不同程度的满足。但外在协作方面的影响力还是非常有限的。

第三层的成功，除了有兴趣爱好和事业心外，还需要外在环境的完善配合，有了这种完善配合，成功者的外在协作能力才会得到大幅提升。

举例来说，由于某种生活需求你希望掌握一门外语，于是将学好一门外语作为了自己的一个目标。围绕这一目标你开始了各种学习活动，慢慢的你学习的外语可以满足自己的日常需求，你成功了，但这只是第一层的成功。在学习外语的过程中，你爱上了这门语言，不满足于它的日常应用，于是继续学习，比别人学得都要好，你成功了，但这也仅是第二层的成功。有一天，这门外语被强烈需求，而能熟练掌握它的人只是凤毛麟角，于是你的价值体现了出来。你可以利用掌握的技能获得更强的外在协作能力，与理想的人进行协作，获得更多的金钱以实现财务自由，得到更多的尊重，这时候你所取得的成功就是第三层的成功。

上面的小案例向我们展示或者隐含提示了成功的所有关键点：方向、方法与技巧、毅力、差异化价值、供求、不公平、运气。下面，就来分析一下每个关键点。

方　向

在开始讨论这个问题之前，我们需要先讨论一个更大也更深刻的问题，人生有没有评价标准？什么样的人生算成功的人生。什么样的人生又算失败的人生？

要回答这个问题首先得知道一些概念，按评价主体的不同人生评价可以分为主观评价和客观评价。

主观评价就是自己对于自己的评价。这个很难有标准，有些人认为我能养活我自己就是成功，有些人赚了几十亿也不认为自己成功。主观评价的关键是自己设立的目标是否达成。想要获得较高主观评价分值的办法是任何时候都尽自己最大的努力，这样未来的自己会因为现在的你已经尽力了而体谅和关照。

客观评价是指所有人可以按照一个标准进行评价。按照人类求存的基本任务来考虑，客观评价可以分为外在协作能力和内在协作能力两个维度。

外在协作能力又可以划分为协作能力和协作价值两个部分。能使用协作工具、能考虑别人、能掌握协作技巧等都属于协作能力范畴，拥有技能、拥有学识、拥有经验、拥有金钱、拥有权利等都属于协作价值范畴。

内在协作能力包括身体能量、心理能量、精神能量三个方面。身体能量的衡量标准是身体精力输出的多少，心理能量的衡量标准是个体产生和拥有的正面能量与负面能量的比重，精神能量的衡量标准是身体 CEO"我"使用理性系统实现自我管理和影响他人的能力。

关于人生的客观评价体系我们暂时先抛出这样一个概念，在下一篇我们会对其进行更进一步的分析。

　　这里说的第二个问题是，考虑被评价者的人生位置及变化情况，我们又可以将人生评价分为静态评价和动态评价。

　　如果可以将客观评价体系画成坐标，我们会发现每个人出生的时候在坐标上的位置是不一样的。有些人会在坐标上分值比较低的位置，有些人一出生就在坐标上位置比较高的位置。坐标位比较低的人通过一生的努力有可能才能到达，甚至永远也无法到达那些坐标位比较高的人的起点。

　　如果按照静态评价，我们有可能会觉得只走了 1 厘米的高坐标位人比走了 10 米的低坐标位人要成功，可是如果按照动态评价，10 米的位移人一定比 1 厘米的位移人要成功。

　　小学课本上讲过《三只小板凳》的故事：

　　爱因斯坦上小学后，对劳作课特别感兴趣。有一次，教劳作的老师让同学们制作各自最喜爱的物品。孩子们一个个都使出了全身的本领：有的用黏土捏成漂亮的公鸡，有的用破布裹成活泼的小狗，还有的用色蜡做成鲜艳的瓜果……下课铃响了，爱因斯坦最后一个把作品送到讲台前。老师低头一看，差点儿笑出声来。原来爱因斯坦交上的是一只粗糙简陋的小板凳。他摇了摇头，用挖苦的口吻说："我想，世界上再没有比这更坏的凳子了！"同学们被说得哄笑起来。

"有的！有比这更坏的！"爱因斯坦一边斩钉截铁地回答，一边转身返回课桌，动作麻利地拿出两只更难看的小板凳，"这两个就更差些。这是我第一次和第二次制作的，交给您的这个已经是第三只了。虽然它还不能令人满意，但总比前两个要好一些。"

老师拿起三只小板凳，一一端详着，若有所思。"哎，多么可爱的孩子啊！"他情不自禁地自言自语起来。

爱因斯坦的老师第一次用的评价方式就是静态评价，第二次就是动态评价。

有了主观评价、客观评价、客观评价体系、动态评价、静态评价这些概念以后，我们再来讨论方向问题。我们应该朝着哪个方向努力前进？兼顾主观评价和客观评价选择前进方向，兼顾动态评价和静态评价选择协作对象。

主观评价是自己对自己的认可，就算别人再认可你，你自己不认可自己，那也是失败的人生，所以选择方向的时候一定要考虑自己内心的意愿。但客观评价能很大程度上影响你的外在协作能力，所以我们也要充分考虑。客观评价体系告诉我们要向着协作能力更强、协作价值更高、身体更健康、心理更健康、精神更健康的方向努力。

很多人在选择协作对象的时候更在乎对方的静态评价，而在评价自己协作能力的时候更在乎自己的动态评价。聪明的做法是将这两个评价综合考虑。一个动态评价很好的人将来也会有优秀的表现，但一个静态表现很好的人目前就可以有很好的协作价值。即我们要选择那些现在和将来协作能力更强、协作价值更高、身体健康、心理健康、精神健康的人进行协作。

　　这里说的第三个问题是，人生总方向和每个小方向的选择最好与自身的欲望相结合。前面我们也提到过这个观点，如果利用得好，欲望是行动最好的导师。欲望是生存逻辑和生存环境在每个个体身上的独特显现，是我们每个个体最稳定的行为动机，只要这些欲望有助于我们的内在协作和外在协作，我们就应该充分尊重，并不断努力给予实现。

　　由欲望和环境指引选择匹配的学习成长方向，匹配的成长环境，匹配的人生导师婚姻对象事业共同体，匹配的城市，匹配的行业，匹配的事业方向，选择的匹配度越高我们人生所能实现的跨度最大，高度最高，道路最平坦。欲望是不断变化的，我们一定是基于目前的状态做出相应的选择。

　　我们遇到的真正问题是，其实很多人并不知道自己的真正欲望是什么。他们误以为外在价值导向的方向就是自己的欲望，他们其实不知道自己的真实欲望。寻找到真正的自己是需要很漫长的一个过程。你需要关注那些别人都有但你却异常强烈，别人不追求但你却不断追求，在你命悬一线身陷痛苦乐不思蜀的时候脑子里都想着的事情。那便是上天给予你的独特自我和前进方向。

　　上面小案例中的主角为什么能达到第一层的成功？因为他产生了学习外语的欲望。为什么能达到第二层的成功？因为他在学习的过程中爱上了英语，产生了学好英语的欲望，所以才可能不断努力，学得比别人好。

方法与技巧

　　高手与普通人的真正区别在于掌握的方法和技巧不同。我们前面提到过一个观点：任何人际关系和事情都是需要技巧和方法的。掌握这些技巧和方法的厨师做出来的食物叫美食，掌握这些技巧和方法的大夫可以做到药到病除，掌握这些技巧和方法的人可以四两拨千斤事半功倍游刃有余。如何掌握这些技巧和方法呢？不断经历和思考后的经验积累。

　　有一个我很尊敬的长辈问过我一个问题？你如何快速获得成功？我当时的回答是努力。他说如果努力之后还不能成功怎么办？

我说继续努力。他告诉我：站在成功的人旁边你最容易成功。站在成功人的旁边，你会分享到他所拥有的资源、人脉和经验，所以你更接近成功。这个答案其实也是我们快速获得方法和技巧的方法和技巧：站在那些有方法和技巧的人"旁边"。站在旁边并不是一定要真的站在他们身边，而是要以最佳通道了解他们掌握的技巧和方法，阅读他们的著作，分析他们的决策，洞察他们行为背后的逻辑都是很好的学习方法。

不断学习和积累相关的方法和技巧，是我们快速达到第一层和第二层成功的捷径。

毅　力

只要我们稍加留心就会发现，很多在通往成功道路上的失败者刚开始的时候其实是选择了正确的方向，也掌握了正确的方法和技巧，相反的，很多最终的成功者刚开始的时候不一定选择了正确的方向，也不一定掌握了正确的方法和技巧，他们的唯一差别就是前者放弃了而后者坚持了下来。如果你给自己的孩子扛过发烧，你自己炒过股，你锻炼过自己的肌肉，你就会切身体会到毅力是什么，它有多重要。不管是谁，在朝着第二层成功前进的过程中，一定会动摇会怀疑会想放弃，不管他成功后说自己当处有多坚定。原因很简单，要达到第二层的成功你一定要比别人做得好，也就意味着有一段路你是没有参照标准的，是要靠自己一个人走过去的。在那段路上，你没有完全的安全感，没有安全感的保护你就会产生动摇，怀疑自己，想放弃。而如果你达不到第二层的成功很多时候你也无法到达第三层的成功。

如何锻炼自己的毅力？练、诱和逼。通过一些小的事情，让自己经历坚持的整个心路历程，就像接种疫苗一样，让自己的身体先熟悉整个过程，这样在后面坚持的过程中就会因为熟悉好坚持一些，这叫练。通过理性系统确定好方向以后，先不行动，先通过各种通道和方法培养自己在这个方向上的欲望，欲望大到足以立即行动的时候再启动，这样在缺乏安全感的情况下我们也会容易坚持一些，这叫诱。如果一旦决定行动，最好给自己在心理上施加一定的压力，必要的时候断掉心理上的一些退路，这样就算不想坚持也得坚持，这叫逼。

差异化价值

差异化价值是第三层成功的关键点之一。人类是社会性群体，需要依靠协作才能生存，而协作的关键便是每个个体有自己的差异化价值。如果我会洗衣做饭打扫卫生照顾小孩，你也会，我们便没有协作的必要性。因为就算我们协作，也解决不了赚钱养家的生存问题，所以我们需要协作的对象是会赚钱养家的人。这便是家庭协作存在的一个主要原因。

依据对差异化价值的理解，我们可以推断：标准教育体系培养出来的人不可能取得大的成功。我们一定要有这样清醒的认识。原因很简单，因为太过标准。我们所具备的别人也能具备，作为协作对象没有协作优势。如果想要获得大的成功，我们需要依据自身的情况刻意培养自己的差异化价值。

真正成功的人背后的知识体系和认知模式是差不多的。只要认真深入地研究几位成功者的思维方式就会发现他们的共通之处：他们真正成功的原因是他们找准了自己的突破口，将所有能量通过一个最恰当的口释放了出来。

供　求

具备差异化价值并不代表你一定能取得第三层的成功，它只是第三层成功的一个必要条件，不是充分条件。差异化价值一定要通过供求关系才能转化成第三层成功的推动力。上面提到的小案例中，如果英语这项技能没有被强烈需求，那你的英语技能就算再出类拔萃，也不会给你的外在协作能力增加分值。但供求关系是很难掌控的，而且也是随时在变化的。所以，有些人在总结成功要诀的时候才会说道：将自己做到最好，然后等待机会的降临。

供求关系是一个非常非常重要的概念，它不仅在商业中起作用，在政治和文化中也同样起着举足轻重的作用。就算一个很有价值的东西，但只要它的供大于求，它的价格也会小于价值。相反，就算一个没有价值的东西，但只要它供小于求，它的价格也会大于价值。

中国的儒家文化在全球被推崇，被认为是中国文化的瑰宝，难道这个文化的价值真的有那么大吗？不一定。它只是特殊政治体制供求关系的产物。中国的帝王通过权力系统掌握着普通大众的生存资源，他们出于管理需要对儒家文化有强烈的需求。而其他人为了获得生存资源就会研究儒家文化，争取与权力阶层站到一起。儒家文化反过来也进一步巩固了权力阶层的地位。以此循环，儒家文化就根植于整个社会体系当中。从另一个角度理解，我们又可以认为儒家思想是一套很有效的管理思想。

对于供求关系一定要保持高度的敏感。如果没有能力把握这种关系，我们可以将自己做到最好，然后等待机会的降临。如果你想主动追求成功，就需要研究自己所在领域的供求关系，将自己的差异化价值在合适的时机发挥到极致。就像民间流传的李世民在总结自己一生成功要诀时说的那句话：永远掌握主动权。

准确判断供求关系需要我们有大局观，要求我们从宏观上分析事情的态势和趋势，需要我们对事情的变化足够敏感，在趋势发生转变后甚至提前及时的做出反应。很多人就是因为在别人还没有反应过来的时候，已经占领了最佳位置，才成为成功者。当然也有很多人是因为机缘巧合，站在了最佳位置，才成为成功者。

"不公平"

有些人从一生下来就被爱包围，父母愿意在他身上花时间花精力，可以科学地引导他的成长，提供每一步成长所需要的所有资源。有些人从一生下来就被遗弃，根本不懂什么叫爱，也不懂如何健康成长，也谈不上自我完善。有些人机缘巧合不用任何努力就可以站在最佳的位置，有些人不懈努力却因为时机不对与机会擦肩而过。有些人天生就在人生坐标的高位，有些人天生就在人生坐标的低位。对于这些，我们当然会抱怨命运的不公，追求公平的待遇。但是，之所以追求公平就是因为这个世界上有太多的"不公平"，而且"不公平"才是这个世界动转的基础和真相。因为所谓存在就是存在协作关系，存在即协作，而协作的本质就是选择协作对象，排除非协作对象，选择和排除的本质必然就是不公平。我们需要清楚和接受这一点。

管理学之父泰勒酷爱体育，却最讨厌公平竞赛。他总是要创造一些条件，让自己处于有利位置。他身体条件并不出色，打网球的时候，就给自己设计了汤匙形状的网球拍，球还没打，他就先胜七分。他获得过全美网球赛的双打冠军，拿下过 1900 年奥运会高尔夫球赛的第四名。当时的比赛规则常常因为他的"发明"而被迫改变。因为不调整规则，比赛就成了一边倒的游戏。如果我们想要成功就要承认并接受这个世界的不公平，然后让自己站在不公平对自己有利的一面。

提到不公平，我们马上会联想到另一个词——运气。不公平的有利面如果转到了谁的身上，谁就会是命运的宠儿、运气的眷顾者。运气是由自身、自身在外部环境的影响和外部环境共同作用的结果。一个热爱音乐的人一定比一个不热爱音乐的人更容易得到音乐之神的眷顾。一个热爱音乐的人一定比一个不热爱音乐的人更容易营造音乐的氛围吸引更多的音乐爱好者，从而得到更多的关于音乐上的帮助。

运气的发生与我们自身有很重要的关系，但不是绝对关系。有一部分的运气是我们完全掌控不了的。既然掌控不了，那就接受那些你不能改变的，以平常心对待这件事情。因为以平常心对待，你能够得到平和的心态带来的健康和快乐。不以平常心对待，你改变不了任何事，还会被坏心态破坏健康。

这个世界的真相是强者掠夺弱者，智者掠夺庸者。这个观点不关乎道德，不牵扯情感，它是一个客观存在。强者掠夺弱者从战争和政治中可以看出来，而智者掠夺庸者从商业和文化产业中可以看出来。我可以不够强悍但只要别人服，我就可以成为强者；我的营销策略可以不高级，但只要有人识不破它就可以存在；我的知识可以不渊博，但只要有人需要我就可以传授；我手里的股票可以没有价值，但只要有人买我就可以赚钱；我可以不够聪明，但只要有人比我笨，我就可以获得生存资源。

在这个游戏规则中，真正好玩的不是强者掠夺弱者，智者掠夺庸者这个游戏规则，而是自以为的强者掠夺弱者，自以为的智者掠夺庸者。

我以为我很强悍，所以我打抱不平，建立新的游戏规则，遇到困难我努力克服，慢慢别人也会觉得我很强悍，我在他们面前变成了强者，他们在我面前变成了弱者。我以为我很聪明，所以我传业解惑，遇到疑惑我努力寻找破解之法，慢慢别人也会觉得我很智慧，我在他们面前变成了智者，他们在我面前变成了庸者。

所以真正的游戏规则是，扮演好生活中的强者和智者，扮演好想象的角色往往会将心理的想象变成现实。

从成功的角度出发，人生就是从追求第一层成功到追求第三层成功的过程。但注定只有极少数的人可以到达第三层成功，毕竟你需要做得比别人好，还需要机会的降临。所以，做最好的自己，接受所有的结果。

人生管理

客观评价体系

上一篇提到了人生的客观评价体系，接下来，我们将对其进行详细分析。

首先，什么是协作能力？为什么能使用协作工具、能考虑别人、能掌握协作技巧等都属于协作能力范畴？协作能力是指要建立协作必须具备的主观条件，是必要条件，没有这些条件协作无法建立。

很多协作是需要工具来完成的，哪怕是一个眼神，一个声音，一种感觉，都有可能是一个协作的工具。为了协作，我们要学会很多这样的工具。比如我们最熟悉的协作语言，不管是汉语、英语、乐谱、图画、盲文等，都需要掌握其中一种。至于我们选择掌握哪一种，完全取决于计划协作的对象是谁，他们使用的协作工具是什么。

在学习篇中，我们讨论过考虑别人是一种协作能力。这里要说的是，能考虑别人是被很多人忽视了的协作能力，特别是在物质丰富、不需要考虑别人就可以获取生存资源的家庭中成长的个体，考虑别人更是容易被忽视培养的一种协作能力。这点我们要特别注意。

任何协作都是需要方法和技巧的。与人协作有人际关系的方法和技巧，管理协作体有管理协作体的方法和技巧，与自己的高管和身体协作有与自己高管和身体协作的方法和技巧。有了这些方法和技巧，我们就可以找到让协作良性存在的"分寸"。所以，掌握这些方法和技巧也是我们外在协作必备的一项能力。

第二个要说的是协作价值。比如拥有技能、拥有学识、拥有经验、拥有金钱、拥有权利、拥有美貌等价值。

这点其实非常好理解。协作的任务之一就是选择协作对象，而选择协作对象一定会有选择的标准，标准之一就是对方有协作的价值。之所以称为有价值就是对于我的存在有用。而什么会对于我的存在有用？符合万万年演化的生存逻辑，符合目前存在的生存逻辑，符合将来可能产生的生存逻辑，能够提升协作能力，能够有助于身体健康、心理健康和精神健康的那些东西，我们都可以称之为有价值。

例如，万万年演化的一条生存逻辑就是男人会选择美女做伴侣。但什么是美女？有时女人以胖为美，有时女人以瘦为美，将来女人可能以健康为美。而作为女人，我们要想找到理想的伴侣，首先就必须让自己变成美女。因为只有变成美女，对于男人而言才有协作价值。但是选择做瘦的美女还是健康的美女，我们就需要根据实际情况具体问题具体分析。

第三个要说的是身体能量。如果人的精力可以量化，那身体能量就等同于一个人总存活时间内输出的总精力量。为什么身体能量是人生客观评价体系的重要内容？

首先维持身体的健康存在是我们这些身体管理者的首要任务，也是我们存在的价值和意义所在。另外，身体能量的大小决定了你协作能力和协作价值的大小，也决定了你的心理能量和精神能量的大小。毕竟有限的精力只能提高有限的协作能力，创造有限的协作价值，而且心理能量和精神能量的产生能力很大程度上是建立在身体能量基础之上的。所以，身体能量的管理，是人生客观评价体系中极其重要的内容。保持身体健康和增强身体素质是身体能量管理的核心内容。

在保持身体健康方面，特别推荐中医的一些方法和思路。比如治未病。比如《黄帝内经》中《素问·上古天真论》提到的食饮有节、起居有常、不妄作劳、持满御神、避之有时、恬淡虚无等方法。在增强身体素质方面，我们需要根据自己的情况选择适合的方法。

第四个要说的是心理能量。首先，我们讨论一下什么是心理？官方的解释是：人们在活动的时候，通过各种感官认识外部世界事物，通过头脑的活动思考着事物的因果关系，并伴随着喜、怒、哀、惧等情感体验，这折射着一系列心理现象的整个过程就是心理过程。按其性质可分为三个方面，即认识过程、情感过程和意志过程，简称知、情、意。如果按照本书的逻辑，心理就是指从身体到感性系统到理性系统的活动过程。前面我们提到过人体的信号系统，指出快乐、幸福、爱、嫉妒、恐惧、恨等都是身体产生和使用的信号。这些信号不仅用于内部协作的开展，也用于个体与个体之间外部协作的信息传递。

所谓正能量其实指的是那些能直接有助于内部协作和外部协作的信号，比如，快乐、幸福、爱等。所谓负能量指的是那些如果利用不好会有损内部协作和外部协作的信号，比如，嫉妒、恐惧、恨等。

我们常说的心理健康情况就是指我们身体产生的正面信号与负面信号比值的情况。如果产生的正面信号远大于负面信号，我们认为这个人心理健康。如果产生的正面信号远小于负面信号，则认为这个人心理不健康。不过从万物演化的情况来看，这些信号无所谓好坏，都是因为生存需要被演化出来的，只要利用得当都会对生存有益。之所以将有此信号称为负面信号，是因为这些信号的操作难度很大，如果操作不当，很容易被它牵着鼻子走，有损于我们的生存。所以说，提高心理能量的办法就是修炼自己对于负面信号的控制和利用能力，提高自己产生正面信号的输出能力。

第五个要说的是精神能量。精神能量是身体 CEO "我" 使用理性系统实现自我管理和影响他人的能力。

使用理性系统实现管理的核心和关键是认知模型的建立。前面的认知篇、修炼篇和学习篇我们都提到过认知和认知模型。这里想说的是通过认知模型实现管理的大体逻辑是什么？基因、周围的环境和我们主动收集的信息在大脑中会建立我们认知篇中提到的"四观"。这四观会引导我们确定行为的方向。在朝着方向前过的过程中我们会探索适合自己的方法。四观、方向和方法就是理性系统不断修炼的结果，也是理性系统实现自我管理和影响他人的工具。

实际上，很多人并不知道"我"是谁，"我"的职责是什么，也不懂得修炼"我"的能力。这三个方面也可以是我们判断一个人精神管理能力的标准。精神管理能力差的人行为往往受制于自己的高管和情绪。他们的理性系统很少被开发，精神活动无章法，

精神很容易被左右，遇事不能主动积极应对，往往回避或者依靠
外界来解决问题。

以上五种能量并不独立存在，他们之间相互影响，互相支配。
要想学会管理他们，我们却需要将一个完整混沌的事件从这五个
方面划分开来，看到五个相对独立的个体。找到这五个个体之间
的关系，抓住关键点，才能达到管理的最佳效果。

主观评价体系

主观评价体系只有一个内容，那就是自我感觉良好。如果单
独用主观评价体系来评价人生，那就是自我感觉良好的人生就是
好的人生。

上面提到的客观评价体系的五个内容其实都是硬指标。身体
健康不健康，心理健康不健康，精神健康不健康，协作能力如何，
协作价值如何这些指标我们都可以通过一定的标准进行判断。唯
独自我感觉良好这一主观评价内容实在不好设立标准。那我们要
如何评判一个人的主观评价？

在欲望篇中我们提到过生存逻辑、基因、天性、生存环境等

等都会在我们心里产生一个东西，叫作欲望。欲望的种子一旦种下，就会生根发芽。如果不能满足它的需要，你便会痛苦万分。一如佛家说的："人生在世如身处荆棘之中，心不动，人不妄动，不动则不伤，如心动则人妄动，伤其身痛其骨，于是体会到世间诸般痛苦。"所谓的自我感觉良好其实就是欲望得到了满足。

一个对于金钱没有欲望的人拥有再多的金钱也不会自我感觉良好，除非在拥有金钱之后他感觉到了金钱的好处，对于金钱产生了欲望。一个对于权力没有欲望的人拥有再多的权力也不会自我感觉良好，除非它在拥有权力的过程中品尝到了权力的滋味，对权力产生了欲望。一个对于认知没有欲望的人拥有再多的知识也不会自我感觉良好，除非在认知的过程中它有所收获，产生了对于认知的欲望。

有些欲望的种子是我们命中注定要有的。比如生存逻辑种下的种子，比如基因种下的种子，比如在理性系统还没有完全成熟前我们的生存环境种下的种子。这些种子很难铲除。我们只能尽量意识到它的存在，利用理性系统管理好它的影响。有些欲望的种子是我自己通过精打细算自己种下的。这些种子我们一定要谨慎选择，因为它所要消耗的是你人生最宝贵的时间和精力，没有绝对的性价比不要选择。

管理欲望增加良好自我感觉的第一步是找到这些欲望种子。 寻找欲望的种子方法其实很简单，就是反复问自己，想要什么，想要什么，然后将这些东西列出来，追溯每一颗种子的来源，分析每一颗种子的生长情况。于是我们就会发现有些种子来源于成长环境，可能是父母的影响或者直接输入；有些种子来源于基因，因为在成长环境中我们找不到它们产生的时刻；有些种子来源于生存逻辑，因为绝大多部人都会拥有同样的欲望。

管理欲望增加良好自我感觉的第二步是通过分析掌握这些种子的生长情况。 我们会发现有些欲望已经根植于骨髓，根本无法撼动。有些欲望只停留在皮毛，只要理性系统稍加干涉就会铲除。

管理欲望增加良好自我感觉的第三步是精打细算满足这些种子。 根植于骨髓的欲望只要无害甚至有利于我们的身心健康和生存能力，或者说对于我们的身心健康和生存能力伤害很小，而这很小的伤害和良好的自我感觉相比我们可以接受，那我们就可以追随这些欲望，满足这些欲望。前面我们提到过这点。如果欲望利用的好，它是行为的最好引领者，在它的引领下你的动力最足，行动效果最明显。

管理欲望增加良好自好感觉的第四步是随时注意欲望种子的变化。 随着时间和环境的变化，欲望的种子和这些种子的生长情况都会随时变化，我们一定要随时注意并重复第一步到第三步。

按照上面的方法操作导致的一种可能结果是，我们的心里可能没有任何欲望的种子了。在这种情况下，我们每天得到的良好自我感觉稳定了下来。但这也意味着你的行动驱动力消失。你有可能会停止不前，身心健康和生存能力也可能停止不前，可能错过更精彩的世界，可能无法获得更良好的自我感觉。

所以，**管理欲望增加良好自我感觉的第五步就是精打细算后自己给自己种下欲望的种子。**

从本质上讲，我们的人生只有维护内在协作稳定和有效开展外在协作两项任务。可是为了完成这两项任务，我们需要提升客观评价体系和主观评价体系的六项内容。这两项任务六项内容是人类活动的驱动力，也是人类生存的追求所在，也是人与人之间高低之分的标准。这六项内容之间互相影响，互相作用，任何一个内容的变化都有可能影响其他五个内容。

人生管理

讨论任何事情都会有角度。我们的人生管理是基于个人角度，一切的出发点也都是个人。如果从社会角度来讨论个体的人生和人生管理，那将是另一番理论。

从个人角度出发，人生管理的首要任务是要明白时间和精力是人生最重要的资源。所谓的人生管理其实就是通过对时间和精力的精打细算达到人生的最大输出。我们一定要有这样的意识，这是人生管理的基础。

我们先来谈谈什么是人生的最大输出？前面我们提到按评价主体来分，人生分为主观评价和客观评价。客观评价体系提到了五个内容，主观评价体系提到了一个内容。在利用人生最大输出，规划个体的时间和精力，实现有效人生管理的时候，要综合考虑客观评价体系和主观评价体系。

如何综合考虑？将时间和精力投入到提升协作能力、协作价值、身体能量、心理能量、精神能量和良好自我感觉的事情上。

或者换句通俗的话就是，将时间和精力投入那些有助于身心健康，有助于提高生存能力，有助于增加良好自我感觉的事情。当然不是每一件事情都会同时提升六个内容。更多的情况是某一内容的提升是以另一内容的下降为代价的。这就要我们自己具体问题具体分析，仔细权衡，精打细算。

接下来我们要讨论的第二个问题是：什么是对时间和精力的精打细算？所谓精打细算就是每走一步都仔细计算时间和精力的投入在身心健康、生存能力和自我感觉良好这三个维度上的综合回报，计算这种回报的可能性。或者换句理论性的话就是：每走一步都仔细计算时间和精力的投入在提升协作能力、协作价值、身体能量、心理能量、精神能量和良好自我感觉六个内容上可实现的综合回报。这里要说明的一点是所谓综合回报一定是可实现的综合回报。很多时候我们知道某件事情可以给我们带来很高的综合回报，但实现的概率很低。这就意味着综合回报很低而不是综合回报很高。这一点我们一定要清楚。

这里用个极其简单的方法指引读者朋友们对自己的时间和精力实现精打细算。那就是，反复问自己：想要什么？能要什么？敢要什么？立足当下，我们最想要什么？从实际出发，我们能要什么？计算得失，我们敢要什么？反复问自己这三个问题，直到自己感觉找到了正确答案。那便是精打细算后你给自己的结果。

接下来我们要讨论的第三个问题是：弄明白你最想要什么？要想弄明白这个问题其实不容易。它需要我们尽量提高自己的格局，尽量增加自己的体验，尽量向高手和过来人请教吸取他们的见识和经验。

你有多大的格局就能看到多大的世界。格局不够的后果就是你会被困在很小的一个世界里。提高自己格局的方法就是朝着大的空间和远的时间思考。这本书一开始就讨论我们的世界观就是为了先建立一个大的格局。

增加体验的本质是给你增加选择的选项。如果没有体验，我们很可能不知道还有这样的选项。

人生是一个剧场，每个人要走的路都差不多。先相信自己只是个平均人，不会高人一等也不会低人一等。先相信自己是个平均人的好处就是，我们会注重过来人的经验。

有这样一则寓言。

一个年轻人走到了一个岔路口，正在不知朝哪个方向走的时候遇见了一个老人。于是他就向老人问路，老人指着其中一条路说你千万不要走这条路，这条路我走过，走不通。年轻人不相信，觉得只有自己走过才知道能不能走通，于是就朝着老人指着的那条路走了过去。很多年过去了，年轻人变成了老人，终于知道那条路真的走不通。当他返回当年的那个岔路口的时候，他也遇见了一个正在彷徨的年轻人向自己问路。他告诉那个年轻人，自己走的这条路走不通。年轻人不信，朝着他来时的方向走了过去，一如当年的他。

希望每个人都尽量避免成为站在岔路口的那个年轻人。

为什么要吸取高手的见识？高手之所以叫高手就是因为他们的视野宽过我们，能看见我们看不见的东西；他们的头脑超过我们，能想到我们想不到的东西；他们在我们不擅长的领域里，有自己独特的灵性。

这里想说的第四个问题是人生有两个：一个是别人看见的，一个是自己经历的。别人看见的人生可以操纵可以包装。自己经历的人生只有自己知道，没办法伪装。从这个意义上讲，我们所能控制的只有在当下的精打细算，至于人生会走成什么样或者会被别人看成什么样，我们很难控制。当然你也可以包装自己的人生，但那叫经营人生形象，不是我们这里讨论的人生管理。

如果经营人生形象对于提升我们的六个内容有好处，我们当然可以尝试，但不能将经营人生形象和人生管理混为一谈。

这里想说的第五个问题是：人生管理尽量基于"现实"。虽然做到这点很难，但尽量向着这个方向努力。

事实上，我们的感观、对错观、价值观、人生观、世界观、想象力、周围的各种信息构建了我们生存的环境。这个环境保障了我们的生存但同时也限制了我们的视野。我们要慢慢洞察到这个环境的存在，利用好它，但同时不要受制于它。努力看到"现实"，然后基于"现实"做好自己的人生管理。

生存逻辑篇我们提到人是具有想象力的，而且分析了这种能力是如何被演化出来的，指出这种能力可以给我们指引未来的方向，我们的很多决策是基于这个方向做出的。但这并不能代表大脑的认知模型看到的未来就是真实的未来。真实的未来只有行动后才能看到。

很多人手里原本有一手好牌，但他打烂了，那现实就是现在他手里有一手烂牌。他唯一能做的就是把它打好，而不是让自己停留在还是一手好牌的幻象中，不面对现实，影响现在的决策，一手烂牌打得更烂。

面对现实还包括接受宿命。什么是宿命？就是那些命中注定要去做的事，命中注定改变不了的现实。为什么会有这样的宿命？

因为我们是传承的产物。我们的存在一定有时间和地点维度，一旦时间和地点确定，我们的存在环境就被限定。就如我们是人，就要受制于所有人的生存逻辑。我们是自己父母所生，所以我们的基因受制于他们。我们出生和存在于某个时间和某个地点，所以也受制于那个时间和那个地点的影响。我们并不自由。为了生存，我们一定要接受自己的宿命。只有接受宿命，我们才有可能挣脱它们。为什么呢？因为，接受宿命意味着我们看到了自己行为的控制者，看到了自己的边界，只有看到才有突破的可能。

关于人生管理想说的最后一个问题是：任何成就你的也将困住你，除非你乐在其中。成就我们存在的是我们的身体，如果不是为了保证身体的存在，我们没有任何被演化的必要，也不可能存在，但成就我们存在的身体却成了我们一生的牢笼；保证我们存在的是我们的外在协作，为了建立这些协作，我们需要不断努力，可是建立的协作却成了我们一生要维护的对象；为了存在，我们每一步都要精打细算，做出选择，可是这个选择封住了我们其他的可能性。任何成就你的也将困住你，这也是我们的宿命，我们需要明白和接收。

孩子教育

孩子是什么？我们生命的延续。我们是谁？父母生命的延续。延续意味着什么？延续意味着上一代的特性可能通过基因传递给下一代，延续意味着上一代的特性可能通过养育过程传递给下一代。

我们的父母和孩子是距离我们最近的人，也是和我们最接近的人，我们之间的接触、矛盾和问题最多。正因为这样，我们才能打开已经封闭的认知模型，看到自己的问题，有机会修正它们。而且，因为我们最接近，所以孩子身上出现的很多问题我们身上也有，只是我们一直没有意识到它的存在。只有这个问题在孩子身上体现出来，我们才可以看到，也才有可能修正它们。帮助孩子成长的过程其实是自我完善的过程，用一句鸡汤说就是："孩子的出现是为了让我们成为更好的自己"。

知道错的地方我们一定会小心，会避免，最终的结果就是错误还没有发生就已经被纠正。真正出现问题的地方其实是我们一直认为对或者一直没有意识到的问题。所以，我们要常常告诫自己，教育的关键是时刻反思自己的价值观。

孩子在出生的时候，很多特性已经通过基因确定了下来，但也有很多特性是在成长的过程中输入的。作为启蒙者，我们是孩子部分基因的编写者。有很多孩子一生的行为都受制于年少时启蒙者的影响，无法摆脱。一个在小时候没有学过如何考虑别人的人，长大后很难学会考虑别人，也很难享受考虑别人带来的红利；一个在小时候没有学过如何思考的人，长大后很难学会思考，也很难享受思考带来的好处；一个在小时候没有得到过爱也没有学过如何爱的人，长大后很难爱别人甚至爱自己，也很难享受温暖的人生；一个在小时候没有学过如何找到自己的人，长大后很难找到自己，也很难享受找到自己的快乐。

孩童时的教育是我们人生管理的基础，是一个生命对于另一个生命最好的馈赠，是我们最应该感恩和施恩的地方。

作为启蒙者，你在多大的跨度规划和引导，孩子就会在多大的跨度受益。你规划启蒙他的学习，他会在学业上受益。你规划启蒙他的人际关系，他会在人际关系上受益。你规划启蒙他的事业，他会在事业上受益。而我们应该从人生的长度和宽度规划和引导孩子的成长，这样他可以受益终生。本书的所有内容除了适合启

发成年人的自我人生管理外，还适合于智慧家长对于孩子的人生
启蒙。

孩子教育和规划的重点不是选择而是提供可能性。孩子会是
生活型的人还是事业型的人？是情商高的人还是智商高的人？是
以强者的逻辑生存还是以智者的逻辑生存？我们最好不要选择。
提供可能让他体验每一种生活。让他尽量经历每一种生活的心路
历程，在他成熟后再做最终的决定。可是实际情况是你是什么样
的人，无形中就会提供什么样的成长环境。所以，你是什么样的
人，你的孩子最有可能成为什么样的人。你的父母是什么样的人，
你也最有可能成为什么样的人。这也是一个人的宿命。

孩子教育的另一个重点就是协助他寻找到自己，接受他真实
的自己，并帮助他成为自己。为什么成为自己这么重要？因为成
为自己可以最大程度的满足人们追求重要性的心理。原来我是这
样的一种存在，独一无二，不可取代。同时，这种自我认可是一
个人获得自信心的重要来源。成为自己需要我们首先准确地了解
自己，了解自己的边界，自己的价值，这种了解是我们建立更有
效外在协作的基础和保障。

在孩子成为自己的过程中，作为家长，很重要的一点就是，
挡在他们的前面。挡住老师、亲友、社会等方面的压力。如果你

都挡不住，凭什么让一个孩子挡住。作为家长，我们需要发挥好转化作用，将负面能量化解掉，引导和鼓励孩子朝着自己的方向前进。

人生是用来体验和享受的，不要辜负了孩子的童年和青春，童年是用来奔跑的。青春是用来享受成长快乐的。只要学会精打细算管理人生，我们完全可以轻松前行。

管理的精髓

这本书里提到身体要管理，心理要管理，精神要管理，人生要管理，孩子要管理。这本书边界之外还有很多事情同样需要管理，家庭需要管理，企业需要管理，国家需要管理，财务需要管理，人际需要管理，事情需要管理。这些管理有没有共通性，好管理的标准又是什么？"事情是否可持续健康发展"可以作为判断管理好坏的一个标准。如果事情无法可持续健康发展，那我们就需要启动管理，找问题，找方向，找方法，做计划，做调整，行动，努力。反之，我们一动不如一静。

在管理事物上的方法论一般是这样的：

第一步，判断事物是否可持续健康发展，准确掌握事物的运行态势——良性状态、恶性状态还是潜在风险状态。

第二步，如若事物处在恶性状态或者潜在风险状态，启动管理程序，找方向，找方法，做计划。

第三步，行动，努力，调整，直至事物处在良性状态为止。

在这个方法论中，能把第一步做好的人是高手中的高手。因为他们能看到找到感受到"问题"。这种能力需要你的视野足够宽，智慧足够高，感受能力足够强。需要日积月累的沉淀，还需要有一定的灵性。在这一环节高手与普通人的区别常常在于普通人认为正常良性运转的事物高手能看到找到感受到潜在的问题，而问题的解决和避免保证了事物朝着更良性的状态运转。

能把第二步做好的人是高手。因为他们能找到方向、方法，能做好周全的计划。这需要你有大局观，足够睿智，需要你不断积累自己的知识和经验，还需要你不断地发挥科学家的探索精神。探索精神在这一环节之所以重要，是因为事物都是动态变化的，往往没有什么万能钥匙，我们经常需要具体问题具体分析。在具体问题具体分析的过程中探索精神对于我们找到方向找到方法至关重要。

能把第三步做好的人是生活中的强者。因为他们有足够的行动力。他们经常通过不断行动不断调整，最后找到了出路。他们勤奋努力，愿意为了目标花费大把的时间和精力。所以，他们最易取得成功，获得生存资源，成为生活中的强者。

管理的方法论固然重要，不过比起管理的方法论更重要的是你是否有管理的意识和意愿。对于一个没有管理意识和管理意愿的人来说，再好的方法都形同虚设。

从人生管理的角度出发，人生就是精打细算后行动的结果，经过管理的人生比不经管理的人生更顺畅，所能到达的高度更高，对于人生的掌控感更好，所以试着学习管理自己的人生，启蒙另一个生命的成长吧。